朱小平　李秀锋　刘学军　主编

ABAQUS
基础与应用

化学工业出版社
·北京·

　　本书简要介绍了有限元分析的基本概念及其发展、ABAQUS软件的基础，阐述了连杆分析、拓扑优化分析和形状优化分析的过程，用实例详细介绍活塞强度有限元分析过程、缸盖强度有限元分析过程、涡壳强度的有限元分析过程、叶轮强度有限元分析过程和模态分析过程。

　　本书适合初学及具有一定基础的ABAQUS用户，可作为机械、汽车、电子和力学等相关专业的自学教材和培训参考书，特别适用于从事机电产品设计的工程分析师等。

图书在版编目（CIP）数据

　　ABAQUS基础与应用 / 朱小平，李秀锋，刘学军主编.
—北京：化学工业出版社，2017.5
　　ISBN 978-7-122-29328-2

　　Ⅰ.①A… Ⅱ.①朱… ②李… ③刘… Ⅲ.①有限元
分析-应用软件 Ⅳ.①O241.82-39

　　中国版本图书馆CIP数据核字（2017）第057572号

责任编辑：吕佳丽　　　　　　　　装帧设计：张　辉
责任校对：宋　夏

出版发行：化学工业出版社（北京市东城区青年湖南街13号　邮政编码100011）
印　　装：北京瑞禾彩色印刷有限公司
787mm×1092mm　1/16　印张14　字数243千字　2017年8月北京第1版第1次印刷

购书咨询：010-64518888（传真：010-64519686）　售后服务：010-64518899
网　　址：http://www.cip.com.cn
凡购买本书，如有缺损质量问题，本社销售中心负责调换。

定　　价：88.00元

前言
PREFACE

一、ABAQUS软件简介

ABAQUS软件是一套功能强大的用于工程模拟的有限元分析软件，其解决问题的范围从相对简单的线性分析到非常复杂的非线性问题。ABAQUS软件包含丰富的、可模拟任意几何形状的单元库，并拥有各种类型的材料模型库，可以模拟典型工程材料的性能，其中包括金属、橡胶、高分子材料、复合材料、钢筋混凝土、可压缩超弹性泡沫材料及土壤和岩石等地质材料。

作为通用的模拟工具，ABAQUS软件除了能解决大量的结构问题，还可以模拟其他工程领域的许多问题，例如热传导、质量扩散、热电耦合分析、声学分析、岩土力学分析及压电介质分析等。

实际工程案例中涉及大量的非线性计算，如螺栓预紧力的施加，大量接触对的出现，具有强烈非线性行为的垫片部分的模拟等，而ABAQUS优秀的非线性分析功能及热固耦合分析功能可以很好地满足这类大规模的具有高度非线性行为CAE分析的要求。

二、本书导读

本书共分为8章，内容系统，各章之间又相互独立，具体内容如下：

第1章简要介绍了有限元分析的基本概念及其发展，让读者对有限元方法有个大致的了解，然后对ABAQUS软件作了相关的介绍，阐述了分析计算的基本流程，最后介绍了ABAQUS软件在发动机零部件产品开发中的重要性。

第2章首先简要介绍了ABAQUS软件的基础，包括ABAQUS软件的用户界面、鼠标操作和相关的约定，然后通过一个简单的实例描述了ABAQUS完成一个计算的操作过程，让读者对ABAQUS的计算过程有个大致的了解。

第3章以连杆分析为例，从网格的划分、接触属性的设置、接触对的定义、分析步的定义及载荷和约束的定义等，详细阐述了连杆分析的全部过程。

第4章首先简要介绍了结构优化的概念，然后以连杆为例，详细讲述了拓扑优化分析和形状优化分析的过程。

第5章详细阐述了活塞强度有限元分析过程。从热仿真分析过程，到结构仿真分析过程，最后到高周疲劳计算过程，都进行了详细的描述。

第6章详细阐述了缸盖强度有限元分析过程。从热仿真分析过程，到结构仿真分析过程，最后到高周疲劳计算过程，都进行了详细的描述。

第7章详细阐述了涡壳强度的有限元分析过程。包括网格划分、材料定义、热边界的定义、热应力的求解以及结果评估都进行了详细的讲解。

第8章详细阐述了叶轮强度有限元分析过程和模态分析过程。

本书适合初级及具有一定基础的ABAQUS用户，可作为机械、汽车、电子和力学等相关专业的自学教材和培训参考书，特别适用于从事机电产品设计的工程分析师等。

三、本书特点

本书具有以下特点：

- 语言通俗易懂，流程化操作步骤，切实从读者学习和使用的实际出发。
- 图文并茂，力求易于理解和掌握，从工程师的角度来阐述工程实例。
- 实例汇集了ABAQUS软件的常见功能和应用，如结构优化、接触非线性分析、材料非线性分析和热机耦合分析等。

本书作者长期从事CAE的研究工作，并根据自身的工作经验和研究成果整理完成本书内容，限于作者水平，加上时间仓促，书中不足之处在所难免，恳请各位朋友和专家批评指正。

编者

2017年5月

目录
CONTENTS

第3章　连杆强度有限元分析

第4章 连杆优化分析

第 **5** 章 活塞热机耦合强度分析

第6章 缸盖热机耦合强度分析

第7章 涡壳强度有限元分析

第8章 叶轮强度有限元分析

第 1 章

概　述

　　有限元分析是使用有限元方法来分析静态或动态的物体或系统。在这种方法中一个物体或系统被分解为由多个相互联结的、简单的、独立的点所组成的几何模型。在这种方法中这些独立的点的数量是有限的，因此被称为有限元。

1.1 有限元分析简介

本节首先简要介绍有限元分析的基本概念，然后简要阐述其发展和应用概况。

1.1.1 有限元分析的基本概念

在工程技术领域内，有许多问题归结为场问题的分析和求解，如位移场、应力场、应变场、流场和温度场等。这些场问题虽然已经得出应遵循的基本规律（微分方程）和相应的限制条件（边界条件），但因实际问题的复杂性而无法用解析方法求出精确解。

由于这些场问题的解是工程中迫切所需要的，人们从不同角度去寻找满足工程实际要求的近似解，有限元方法就是随着计算机技术的发展和应用而出现的一种求解数理方程的非常有效的数值方法。

有限元分析的基本思想是用离散近似的概念，把连续的整体结构离散为有限多个单元，单元构成的网格就代表了整个连续介质或结构。这种离散化的网格即为真实结构的等效计算模型，与真实结构的区别主要在于单元与单元之间除了在分割线的交点（节点）上相互连接外，再无任何连接，且这种连接要满足变形协调条件，单元间的相互作用只通过节点传递。这种离散网格结构的节点和单元数目都是有限的，所以称为有限单元法。

在单元内，假设一个函数近似地用来表示所求场问题的分布规律。这种近似函数一般用所求场问题未知分布函数在单元各节点上的值及其插值函数表示。这样就将一个连续的有无限自由度的问题，变成了离散的有限自由度的问题。根据实际问题的约束条件，解出各个节点上的未知量后，就可以用假设的近似函数确定单元内各点场问题的分布规律。

有限元方法进行结构分析主要涉及三个问题：

（1）网格剖分和近似函数的选取

选用合适单元类型和单元大小的问题。合适的单元类型能在满足求解精度的条件下提高求解的效率，反之则可能会事倍功半。

（2）单元分析

探讨单个单元的特性（力学特性、传热学特性等），将单元内的特性用节点上的特性表示出来建立起节点上主要特性间的关系（如节点位移与节点力的关系），得出单元刚度矩阵。

（3）整体结构分析

把所有的单元组装在一起成为整体结构，建立起整体结构上各节点特性（节点位移和节点力）之间的关系，得出整体结构的线性代数方程组，在此基础上做边界修正并求解。

由于大多数实际问题难以得到准确解，而有限元不仅计算精度高，而且能适应各种复杂形状，因而成为行之有效的工程分析手段。

对于不同物理性质和数学模型的问题，有限元求解法的基本步骤是相同的，只是具体公式推导和运算求解不同。有限元求解问题的基本步骤通常为：

第1步：问题及求解域定义：根据实际问题近似确定求解域的物理性质和几何区域。

第2步：求解域离散化：将求解域近似为具有不同有限大小和形状且彼此相连的有限个单元组成的离散域，习惯上称为有限元网络划分。显然单元越小（网络越细）则离散域的近似程度越好，计算结果也越精确，但计算量及误差都将增大，因此求解域的离散化是有限元法的核心技术之一。

第3步：确定状态变量及控制方法：一个具体的物理问题通常可以用一组包含问题状态变量边界条件的微分方程式表示，为适合有限元求解，通常将微分方程化为等价的泛函形式。

第4步：单元推导：对单元构造一个适合的近似解，即推导有限单元的列式，其中包括选择合理的单元坐标系，建立单元试函数，以某种方法给出单元各状态变量的离散关系，从而形成单元矩阵（结构力学中称刚度阵或柔度阵）。

为保证问题求解的收敛性，单元推导有许多原则要遵循。对工程应用而言，重要的是应注意每一种单元的解题性能与约束。例如，单元形状应以规则为好，畸形时不仅精度低，而且有缺秩的危险，将导致无法求解。

第5步：总装求解：将单元总装形成离散域的总矩阵方程（联合方程组），反映对近似求解域的离散域的要求，即单元函数的连续性要满足一定的连续条件。总装是在相邻单元结点进行，状态变量及其导数（可能的话）连续性建立在结点处。

第6步：联立方程组求解和结果解释：有限元法最终导致联立方程组。联立方程组的求解可用直接法、迭代法和随机法。求解结果是单元结点处状态变量的近似值。对于计算结果的质量，将通过与设计准则提供的允许值比较来评价并确定是否需要重复计算。

简言之，有限元分析可分成3个阶段，前处理、处理和后处理。前处理是建立有限元模型，完成单元网格划分；后处理则是采集处理分析结果，使用户能简便提取信息，了解计算结果。

1.1.2 有限元分析的发展

20世纪60年代后期，人们进一步用加权余量法来进行单元特性分析和建立有限元法求解方程，这样就可将有限元法用于已知问题的微分方程和边界条件，但变分的泛函还没有找到或者根本不存在的情况，进一步扩大了有限元的应用领域。1970年，克拉夫等人提出了"收敛准则"，使人们能更有效地构造假设函数，并且从理论上保证了有限元解的收敛性，进一步完善了有限元的理论基础。

国际上早在60年代初就开始投入大量的人力和物力开发有限元分析程序，但真正的CAE软件是诞生于70年代初期，而CAE开发商为满足市场需求和适应计算机硬、软件技术的迅速发展，在大力推销其软件产品的同时，对软件的功能、性能，用户界面和前、后处理能力，都进行了大幅度的改进与扩充。这就使得目前市场上知名的CAE软件，在功能、性能、易用性、可靠性以及对运行环境的适应性方面，基本上满足了用户的当前需求，从而帮助用户解决了成千上万的工程实际问题，同时也为科学技术的发展和工程应用做出了不可磨灭的贡献。

近年来，随着计算机硬件和专业分析软件等各方面的不断提高，有限元分析在工程设计和分析中得到了越来越广泛的运用，已经成为解决复杂工程分析计算问题的有效途径。如今，从机械机构到宇航结构，从建筑结构到车辆结构，从船舶结构到桥梁结构，几乎所有的设计制造都已离不开有限元分析计算，其在各个领域的广泛使用已使设计水平发生了质的飞跃，主要表现在以下几个方面：

（1）增加产品和工程的可靠性；

（2）在产品的设计阶段发现潜在的问题；

（3）经过分析计算，采用优化设计方案，降低原材料成本；

（4）缩短产品投向市场的时间；

（5）模拟试验方案，减少试验次数，从而减少试验经费。

总之，在整个产品开发过程中，有限元分析都充当着重要的角色。

1.2

Abaqus软件简介

1.2.1　Abaqus软件概述

Abaqus被广泛地认为是功能最强的有限元软件，可以分析复杂的固体力学、结构力学系统，特别是能够驾驭非常庞大复杂的问题和模拟高度非线性问题。

Abaqus不但可以做单一零件的力学和多物理场的分析，同时还可以做系统级的分析和研究。Abaqus的系统级分析的特点相对于其他的分析软件来说是独一无二的。由于Abaqus优秀的分析能力和模拟复杂系统的可靠性使得Abaqus被各国的工业和研究广泛采用。Abaqus产品在大量的高科技产品研究中都发挥着巨大的作用。

不论是你想深入了解一个复杂产品的细节行为，进行设计更新，理解新材料的力学行为，还是模拟制造工艺过程，Abaqus有限元产品都能提供最全面灵活的解决方案去完成上述任务。Abaqus产品提供高精度、可靠、高效的解决方案，用于求解非线性问题、大规模线性动力学应用以及常规的仿真。Abaqus产品集成显式和隐式求解器，这使得用户可以在后续的分析中直接使用上一个仿真分析的结果，用于考虑历史加载的影响，例如加工制造。用户自定义功能，用户界面的定制，这些灵活的手段可以更好地加入用户的想法，使得用户有更多的选择以减少分析时间。

Abaqus有限元产品采用最新的高性能并行计算环境，允许用户的模型尽可能的复杂，而不用担心计算能力的限制。这样可以使得用户最少地简化模型，从而增加了结果的真实性，也减少了反复修改模型的时间。很多合作伙伴的产品都由于Abaqus产品强大的功能而将其内置或定制专用界面。

Abaqus是一套功能强大的工程模拟的有限元软件，其解决问题的范围从相对简单的线性分析到许多复杂的非线性问题。Abaqus包括一个丰富的、可模拟任意几何形状的单元库。并拥有各种类型的材料模型库，可以模拟典型工程材料的性能，其中包括金属、橡胶、高分子材料、复合材料、钢筋混凝土、可压缩超弹性泡沫材料以及土壤和岩石等地质材料。

作为通用的模拟工具，Abaqus除了能解决大量结构（应力/位移）问题，还可以模拟其他工程领域的许多问题，例如热传导、质量扩散、热电耦合分析、声学分析、岩土力学分析（流体渗透/应力耦合分析）及压电介质分析。

1.2.2　Abaqus软件分析模块

Abaqus有3个主求解器模块：Abaqus/Standard、Abaqus/Explicit和Abaqus/CFD。Abaqus还包含一个全面支持求解器的图形用户界面，即人机交互前后处理模块：Abaqus/CAE。此外，Abaqus对某些特殊问题还提供了专用模块来加以解决。

（1）Abaqus/Standard

Abaqus/Standard适合求解静态和低速动力学问题，这些问题通常都对应力精度有很高的要求。例如垫片密封问题、轮胎稳态滚动问题，或复合材料机翼裂纹扩展问题。对于单一问题的模拟，可能需要在时域和频域内进行分析。例如在发动机分析里，首先需要模拟包含复杂垫片力学行为的发动机缸盖安装模拟，接着才是进行包含预应力的模态分析，或是在频域内的包含预应力的声固耦合振动分析。Abaqus/CAE支持Abaqus/Standard求解器的所有常用的前后处理功能。

Abaqus/Standard计算结果可以作为初始状态用于后续的Abaqus/Explicit分析。同样的，Abaqus/Explicit计算结果也可以继续用于后续的Abaqus/Standard分析。这种集成的灵活性使得它可以将复杂的问题分解，将适合用隐式方法的分析过程用Abaqus/Standard求解，例如静力学、低速动力学或稳态滚动分析;而将适合用显式方法的用Abaqus/Explicit求解，例如高速、非线性、瞬态占主导的问题。

（2）Abaqus/Explicit

Abaqus/Explicit是特别适合于模拟瞬态动力学为主的问题的有限元产品，例如电子产品的跌落、汽车碰撞。Abaqus/Explicit能够高效地求解包括接触在内的非线性问题和许多准静态问题，如金属的滚压成型、吸能装置的低速碰撞。Abaqus/Explicit使用方便，可靠性高，计算高效。Abaqus/CAE支持Abaqus/Explicit求解器的所有常用的前后处理功能。

Abaqus/Explicit计算结果可以作为初始状态用于后续的Abaqus/Standard分析。同样的，Abaqus/Standard计算结果也可以继续用于后续的Abaqus/Explicit分析。这种集成的灵活性使得它可以将复杂的问题分解，将适合用显式方法求解的高速、非线性、瞬态占主导的问题用Abaqus/Explicit求解;而适合用隐式方法的分析过程用Abaqus/Standard求解，例如静力学、低速动力学或稳态滚动分析。

（3）Abaqus/CFD

Abaqus/CFD为Abaqus提供了计算流体动力学分析功能，Abaqus/CAE支持该求解器的所有的前后处理需求。并行的CFD分析功能可以求解多数的非线性流体传热和流固耦合问题。

Abaqus/CFD可以解决以下不可压缩流动问题：

层流和湍流：内流或外流的稳态和瞬态问题，横跨的雷诺数范围可以很大，分析时几何可以很复杂。还可以分析由空间变化的分布体力诱发的流动问题。

热对流：包括热传导和自然对流问题，需要求解能量方程。这类问题包括大范围普朗特数的湍流热传导。

ALE动网格：Abaqus/CFD对运动方程、热传导方程和湍流传输方程采用ALE描述进行动网格分析。动网格问题通常包括指定边界运动，这种边界条件对于流体流动来说相对独立，常出现于流体流动或流固耦合问题中。

（4）Abaqus/CAE

使用Abaqus/CAE用户可以快速高效地创建、修改、监控、诊断以及可视化Abaqus分析过程。Abaqus/CAE用户界面将建模、分析、任务管理和结果可视化功能集成为一个统一、易于操作环境之下，不论对于初学者还是有经验的用户，都非常易学和高效。Abaqus/CAE支持类似CAD一样的交互式功能，例如基于特征、参数化建模、交互式和脚本操作、用户定制界面等。

在Abaqus/CAE中，用户可以创建几何模型，也可以导入CAD模型，或者基于几何生成网格，而这些网格跟CAD模型不再关联。CATIA V5、SolidWorks和 Pro/ENGINEER的交互式接口可以保证CAD和CAE装配模型的一致性，并且可以快速地进行模型更新而不丢失任何用户定义的分析特征。

Abaqus/CAE开放的用户定制工具提供了强大的自动化分析流程解决方案，这样仿真专家可以定制验证好的工作流程，将仿真知识和经验固化到其中。Abaqus/CAE同样提供强大的后处理定制功能，使得用户可以读取和操作任何Abaqus分析的结果。

1.2.3 Abaqus软件分析的一般流程

Abaqus软件分析的流程和其他有限元分析软件大同小异，一般流程包括以下几个部分：

（1）创建部件（Part）

用户在Part模块里生成单个部件，可以直接在Abaqus/CAE环境下用图形工具生成部件的几何形状，也可以从其他的图形软件输入部件。

（2）设置材料和截面特性（Property）

截面（Section）的定义包括了部件特性或部件区域类信息，如区域的相关材料定义和横截面形状信息。在Property模块中，用户生成截面和材料定义，并把它们赋予（Assign）部件。

（3）定义装配件（Assembly）

所生成的部件存在于自己的坐标系里，独立于模型中的其他部件。用户可使用Assembly模块生成部件的副本（instance），并且在整体坐标里把各部件的副本相互定位，从而生成一个装配件。一个Abaqus模型只包含一个装配件。

（4）设置分析步和变量输出（Step）

用户用Step模块生成和配置分析步骤与相应的输出需求。分析步骤的序列提供了方便的途径来体现模型中的变化（如载荷和边界条件的变化）。在各个步骤之间，输出需求可以改变。

（5）施加相互作用（Interaction）

在Interaction模块里，用户可规定模型的各区域之间或模型的一个区域与环境之间的力学和热学的相互作用，如两个表面之间的接触关系。其他的相互作用包括诸如绑定约束、方程约束和刚体约束等约束。若不在Interaction模块里规定接触关系，Abaqus/CAE不会自动识别部件副本之间或一个装配件的各区域之间的力学接触关系。只规定两个表面之间相互作用的类型，对于描述装配件中两个表面的边界物理接近度是不够的。相互作用还与分析步相关联，这意味着用户必须规定相互作用所在的分析步。

（6）施加载荷和边界条件（Load）

在Load模块里指定载荷、边界条件和场。载荷与边界条件跟分析步相关，这意味着用户必须指定载荷和边界条件所在的分析步。有些场变量与分析步相关，而其他场变量仅仅作用于分析的开始。对于所有单元必须确定其材料特性，然而高质量的材料数据是很难得到的，尤其是对于一些复杂的材料模型。Abaqus计算结果的有效性受材料数据的准确程度和范围的限制。

（7）划分网格（Mesh）

Mesh模块包含了有限元网格的各种层次的自动生成和控制工具，从而用户可生成符合分析需要的网格。

（8）提交作业，运行分析（Job）

一旦完成了模型生成任务，用户便可用Job模块来实现分析计算。用户可用Job模块交互式地提交作业、进行分析并监控其分析过程，可同时提交多个模型进行分析并进行监控。

（9）结果后处理（Visualization）

可视化模块提供了有限元模型的图形和分析结果的图形。它从输出数据中获得模型和结果信息，用户可通过Step模块修改输出需求，从而控制输出文件的存贮信息。

在Abaqus软件各功能模块之间切换时，主菜单中内容会自动更换，各辅助菜单也随之改变。其中在各个模块中要注意的是：

在进行有限元分析之前，首先应对结果的形状、尺寸、工况条件等进行仔细分析，只有正确掌握了分析结构的具体特征才能建立合理的几何模型。总的来说，要定义1个有限元分析问题时，应明确几点：a.结构类型；b.分析类型；c.分析内容；d.计算精度要求；e.模型规模；f.计算数据的大致规律。

建立有限元模型是整个有限分析过程的关键：

首先，有限元模型为计算提供所有原始数据，这些输入数据的误差将直接决定计算结果的精度；

其次，有限元模型的形式将对计算过程产生很大的影响，合理的模型既能保证计算结构的精度，又不致使计算量太大和对计算机存储容量的要求太高；

再次，由于结构形状和工况条件的复杂性，要建立一个符合实际的有限元模型并非易事，它要考虑的综合因素很多，对分析人员提出了较高的要求；

最后，建模所花费的时间在整个分析过程中占有相当大的比重，约占整个分析时间的70%，因此，把主要精力放在模型的建立上以及提高建模速度是缩短整个分析周期的关键。

1.2.4　Abaqus软件在发动机零部件仿真中的应用

现代内燃机为了追求更高的经济指标，常常采用强化和燃用重油等措施来降低燃油消耗。这导致了内燃机零部件的机械载荷与热载荷的增加。如何保证内燃机结构的可靠性与寿命便成为一个重要的问题。

内燃机的大部分零部件不但结构复杂，而且所受的载荷类型也各不相同。对这些零部件的结构分析和设计，长期以来主要采用实验分析和经验设计的方法。由于测量方法的局限性和某些测试技术的复杂性，它们在内燃机工程中的应用受到一些限制。加上测量方法的周期较长，费用较高，要想通过大量不同的测试研究来寻求一个最佳的设计，往往是困难和不合算的。而且对于复杂的结构件，如连杆、曲轴和缸盖等，也不可能得到应力分析的解析解。在这种情况下，只有寻求结构的数值分析方法，才能为内燃机零部件的结构分析和设计提供有力的手段。

有限元方法以其独特的优点，如在结构的形状和载荷方式非常复杂的情况下都可以求解，因而被迅速地应用于内燃机零部件产品设计和开发中。

1.3　本章小结

本章简要介绍了有限元分析的基本概念及其发展，让读者对有限元方法有个大致的了解，然后对Abaqus软件作了相关的介绍，阐述了分析计算的基本流程，最后介绍了Abaqus软件在发动机零部件产品开发中的重要性。

第2章

ABAQUS基础与简单实例

ABAQUS/CAE是ABAQUS软件的操作界面，是联系ABAQUS和用户之间的桥梁。它通过方便友好的操作界面方便用户进行模型的建立和参数的设置。本章首先介绍ABAQUS/CAE的用户界面、鼠标的使用等。然后用一个简单的实例展示在ABAQUS/CAE中进行分析的过程。最后对使用过程中常见的问题进行阐述。

ABAQUS基础

2.1.1 ABAQUS/CAE的用户界面

在桌面或者开始菜单中启动ABAQUS软件，然后进入ABAQUS/CAE，如图2-1所示，该界面包括10个部分，分别介绍如下。

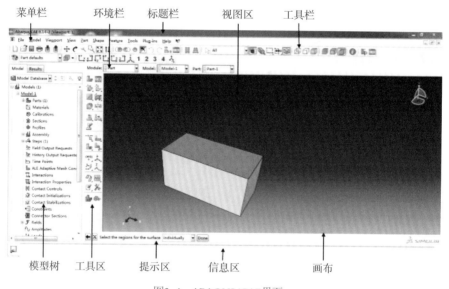

图2-1　ABAQUS/CAE界面

- 标题栏：标题栏显示当前的ABAQUS/CAE的版本以及模型数据库的路径和名称。
- 菜单栏：菜单栏与当前选择的模块相对应，包含该模块中所有可以用的功能。
- 工具栏：工具栏中列出了菜单栏内的一些常用工具，方便使用。
- 环境栏：环境栏中包含2~3个列表，Module列表用于切换各个模块；其他列表与当前的模块相对应，分别用于切换Model、Part、Step、ODB和Sketch。

- 模型树：从6.6版本开始，ABAQUS/CAE增加了模型树，模型树中包含了当前数据库的所有模型和分析任务。
- 工具区：工具区列出与各模块相对应的工具，包含了大多数菜单栏中的功能，方便用户使用。
- 画布：用于摆放视图。
- 视图区：用于模型和结果的显示。
- 提示区：当选择工具对模型进行操作时，提示区会显示出相应的提示，用户可以根据提示再去进行操作或者在提示区输入数据。
- 信息区：信息区显示在用户界面的下部区域，通过其左侧的Message Area按钮和Command Line Interface按钮进行切换。信息区为默认设置，显示当前状态信息和警告信息。

2.1.2　ABAQUS/CAE的鼠标使用

ABAQUS/CAE默认使用三键鼠标，Ctrl+Alt+鼠标中键为平移操作，Ctrl+Alt+鼠标左键为旋转操作，Ctrl+Alt+鼠标右键为缩放操作。当然，用户可以根据自身的习惯，改变鼠标操作逻辑。

移动鼠标，从菜单栏中找到Tools-Options并点击，在弹出窗口中切换到View Manipulation，如图2-2所示，总共有6种方案。切换到Icons，可以调整工具区和模型树图标的大小。

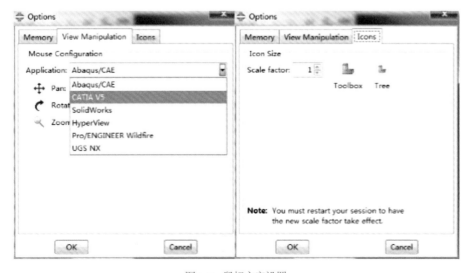

图2-2　鼠标方案设置

2.1.3 ABAQUS/CAE的相关约定

ABAQUS/CAE对坐标系、单位和自由度均有相应的约定，如下所述。

（1）对坐标系的约定

ABAQUS的整体坐标系默认为直角笛卡尔坐标系，方向遵守右手法则。为了便于进行各种分析，用户可以自定义局部坐标系，如柱坐标系、球坐标系，方便进行节点、载荷、约束等的定义。

（2）对单位的约定

ABAQUS和很多其他的有限元软件一样，自身除角度和角速度外，并没有单位的概念。用户可以根据自身的习惯来设置模型的单位。当然，必须保持各变量单位的统一。一般有以米为长度单位的国际单位制，也有以毫米为单位的单位制。如表2-1所示，本书建议采用N-mm-s的单位制。

表2-1　常用单位制

名称	SI	SI（mm）	ft	inct
长度	m	mm	ft	in
载荷	N	N	lbf	lbf
质量	kg	tonne	slug	$lbfs^2/in$
时间	s	s	s	s
应力	Pa	MPa	lbf/ft^2	psi
能量	J	mJ	ft lbf	ln lbf
密度	kg/m^3	$tonne/mm^3$	$slug/ft^3$	$lbfs^2/in^4$

（3）对自由度的约定

ABAQUS对自由度的约定包括X方向位移、Y方向位移、Z方向位移、绕X轴旋转、绕Y轴旋转、绕Z轴旋转，分别与整体坐标系的X、Y、Z轴的方向一致。具体如图2-3所示。

除此之外，还包括以下自由度：7：开口截面梁单元的翘曲；8：声压或孔隙压力；9：电势；11：温度（或物质扩散分析中归一化浓度）；12+：梁和壳厚度上其他点的温度。

对于轴对称单元，1方向自由度为R方向的平动，2方向自由度为Z方向的平动，6方向自由度为R-Z平面内的转动。

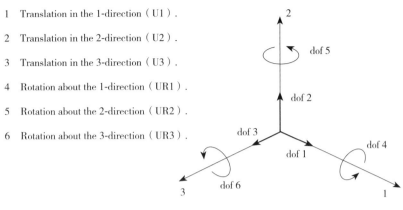

1　Translation in the 1-direction（U1）.

2　Translation in the 2-direction（U2）.

3　Translation in the 3-direction（U3）.

4　Rotation about the 1-direction（UR1）.

5　Rotation about the 2-direction（UR2）.

6　Rotation about the 3-direction（UR3）.

图2-3　自由度约定

2.1.4　ABAQUS/CAE的文件类型

在ABAQUS软件的使用过程中，有些是临时文件，有些是用于分析、重启、后处理、结果转换等的文件，主要包括以下类型文件。

（1）.cae文件

此文件包含模型信息、分析任务等。比如材料参数的定义、载荷约束的施加等。

（2）.jnl文件

此文件为日志文件，包含用于模型信息生成的整个过程的操作命令。

（3）.inp文件

此文件为计算输入文件，可由ABAQUS Command命令窗口递交计算，也可以通过ABAQUS软件导入打开。

（4）.dat文件

此文件为数据文件，记录分析、数据检查、参数检查等信息。

（5）.sta文件

此文件为状态文件，包含分析过程信息。

（6）.msg文件

此文件详细记录计算过程，分析计算中的平衡迭代次数、计算时间、警告信息等。

（7）.res

此文件为重启动文件，可在Step模块中进行定义。

（8）.odb

此文件为输出数据库文件，即计算结果文件。

（9）.prt

此文件包含了零件与装配信息。在热机耦合分析中要用到。

上述即为ABAQUS/CAE中常见的文件类型。其中，最重要的便是INP文件。实际上，在ABAQUS软件的早期版本中，并没有前处理的图形窗口，用户只能直接使用INP文件来建模。

INP文件的格式需要遵守以下规则：

①"*"开始，后紧跟关键字和必要参数，如：

*Element，type=C3D10

②如果一行以"**"开头，则表示该行为注释行，其内容在分析过程中丝毫不起作用。

③整个INP文件中不能包含空行。

④关键字行中可存在空格，如：

    *   Element，   type=   C3D10

⑤关键词、参数、集合名称等不区分字母大小写。

⑥INP文件的每一行不能超过256个字符。

⑦如果一行没有结束而需要换行时，需要在此行的结尾加上逗号。如：

*Element，type=C3D10，

ELSET=FRAME

2.1.5 ABAQUS/CAE的单元类型

ABAQUS拥有广泛适用于结构应用的庞大单元库，以适应不同的结构和几何特征。可以通过以下的特征为单元分类，如单元类型、节点数、自由度数、公式和积分等。

图2-4为单元族分类。从图中可以看到：ABAQUS单元类型包括连续体（实体）单元、壳单元、梁单元、刚体单元、薄膜单元、无限单元、弹簧和阻尼器单元以及桁架单元。同类型单元有很多相同的基本特征，但同类型单元又有很多不同的变化。

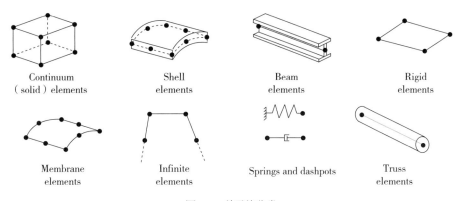

图2-4 单元族分类

节点的个数决定了单元的插值方式，ABAQUS包含了一阶和二阶插值方式的单元，如C3D4和C3D10，分别对应四面体一阶单元和二阶单元。

在有限元分析过程中，单元节点的自由度是基本的变量。如位移、转动、温度和电势等。

用于描述单元行为的数学公式是用于单元分类的另一种方法。如平面应变单元、平面应力单元、杂交单元、非协调单元等。

单元的刚度和质量在单元内的采样点进行数值计算，这些采样点叫做"积分点"。用于积分这些变量的数值算法将影响单元的行为，ABAQUS包含完全积分和缩减积分单元。

所谓"完全积分"是指当单元具有规则形状时，所用的高斯积分点的数目足以对单元刚度矩阵中的多项式进行精确积分。对六面体和四边形单元而言，所谓"规则形状"是指单元的边是直线并且边与边相交成直角，在任何边中的节点都位于边的中点上。完全积分的线性单元在每一个方向上采用两个积分点。因此，三维单元C3D8在单元中采用了2×2×2个积分点。完全积分的二次单元（仅存在于ABAQUS/Standard）在每一个方向上采用3个积分点。对于二维四边形单元，完全积分的积分点位置如图2-5所示。

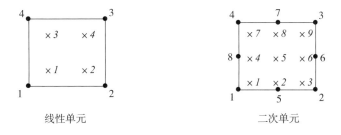

线性单元 　　　　　二次单元

图2-5 完全积分的积分点位置示意图

而减缩积分只有四边形和六面体单元才能采用，所有的楔形体、四面体和三角形实体单元均采用完全积分，尽管它们与减缩积分的六面体或四边形单元可以在同一网格中使用。

减缩积分单元比完全积分单元在每个方向少用一个积分点。减缩积分的线性单元只在单元的中心有一个积分点。（实际上，在ABAQUS中这些一阶单元采用了更精确的均匀应变公式，即计算了单元应变分量的平均值。对于所讨论的这种区别并不重要。）对于减缩积分的四边形单元，积分点的位置如图2-6所示。

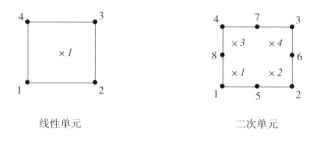

线性单元 二次单元

图2-6　减缩积分点位置示意图

2.2

ABAQUS入门实例

2.2.1　问题描述

本实例采用N-mm-s单位制，模型几何尺寸为：长40mm，宽20mm，高20mm。底面全约束，顶面施加200MPa压力。

2.2.2　创建模型数据库

从桌面或者开始菜单中打开ABAQUS软件，在弹出窗口Start Session中点击With

Standard/Explicit Model，即创建一个ABAQUS/CAE的模型数据库。

视图区默认为深色背景，用户可以根据需要或者习惯更改背景颜色。方法为：在主菜单中选择View-Graphics Options，单击对话框中Solid后的色标，在弹出的Select Color对话框中选择为白色，然后单击Gradient后的色标，在弹出的Select Color中对话框中选择为白色，单击OK按钮，如图2-7所示，此时背景便变为白色。

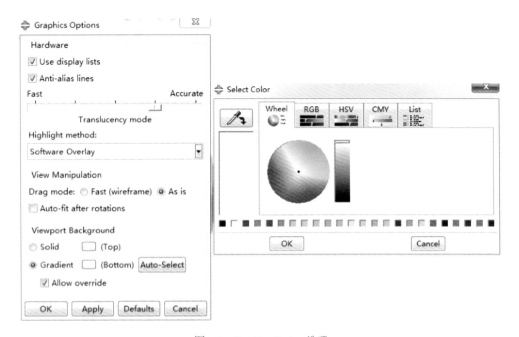

图2-7 Graphics Options选项

2.2.3 创建部件

进入ABAQUS/CAE后，环境栏的Module列表中出现Part，即当前激活的是Part模块。Part模块用于创建分析模型的所有部件。

点击Create Part图标，弹出创建部件的窗口，按默认设置，点击Continue按钮，视图窗口变为草图绘制区。通过Create Lines（Rectangle）来创建一个矩形，如图2-8所示。

点击鼠标中键，然后在视图窗口右下方点击Done。在弹出窗口中输入Depth为20，然后点击OK完成部件的创建，创建好的部件如图2-9所示。

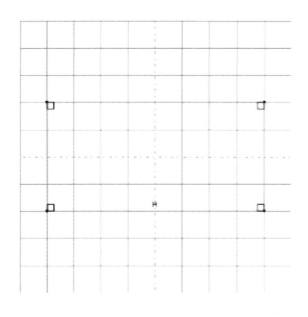

图2-8 创建部件

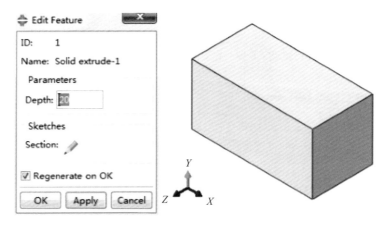

图2-9 部件示意图

2.2.4 定义材料属性

将Module切换为Property模块，点击工具区的Create Material图标，弹出材料定义的窗口，材料名称保持默认。在Material Behaviors栏内选择Mechanical-Elasticity-Elastic，在Material Behaviors下方的Data数据表内输入Young's Modulus（弹性模量）为210000，Poisson's Ratio（泊松比）为0.3。如图2-10所示，单击OK按钮，完成材

料的定义。

　　单击工具区中的Create Section，弹出Create Section对话框，如图2-10所示。在Category栏内选择Solid，在Type栏内选择Homogeneous，点击Continue，在Material栏内显示出之前定义的材料Material-1，不需要再选择，直接点击OK按钮完成截面属性的创建。

图2-10　材料属性创建及截面定义

　　单击工具区中的Assign Section工具，在视图区下方出现选择Region的提示信息，并且在选择Region的同时可以将选择的区域定义为一个Set，默认名称为Set-1，本实例中保持默认，在视图区中选择创建的长方体，然后点击提示区的Done按钮，在弹出窗口中默认选择已创建的截面属性，点击OK，完成截面属性的分配。如图2-11所示。

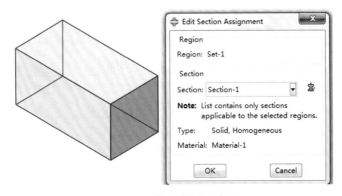

图2-11　截面属性分配定义

2.2.5　定义装配体

在环境栏的Module列表中选择Assembly模块，该模块用于各部件的装配，定义装配体。需要注意的是：每个模型只能包含一个装配体。

单击工具区中的Instance Part工具，弹出Create Instance对话框，如图2-12所示。软件会自动选择之前创建的Part-1部件，保持默认参数，点击OK按钮，完成部件的装配。此时，在视图区会出现一个直角笛卡尔坐标系。

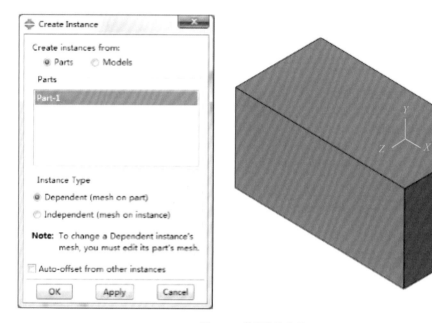

图2-12　装配体的定义

2.2.6　定义分析步

在环境栏的Module列表中选择Step模块。点击Create Step图标，弹出创建分析步的对话框，如图2-13所示。保持默认设置，选择Static，General，即通用静力学分析，点击Continue，弹出Edit Step对话框，保持默认设置，点击OK按钮完成分析步的定义。

需要注意的是，在定义分析步的同时，场输出（Field Output）和历程输出（History Output）也默认定义完成。

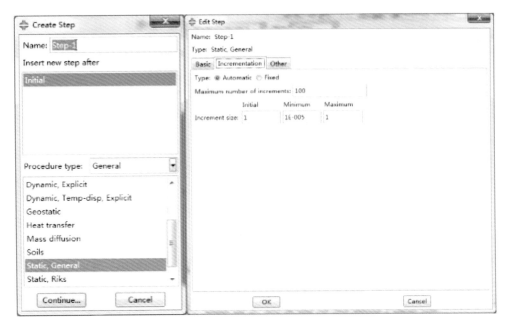

图2-13　分析步定义

2.2.7　定义载荷和边界条件

在环境栏的Module列表中选择Load模块。首先在工具区中点击Create Load图标，弹出Create Load对话框，如图2-14所示。Name栏保持默认名称，Step选择为Step-1，Category保持默认的Mechanical，载荷类型选择为Pressure，点击Continue按钮，根据提示在视图区中选择长方体的顶面，点击Done按钮，完成加载面的选择。

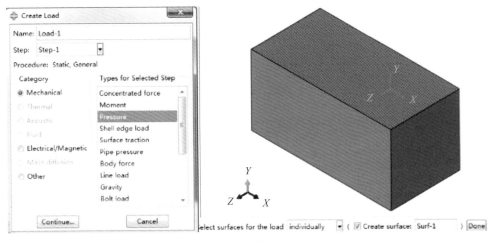

图2-14　创建载荷

在弹出的Edit Load窗口中，输入压力值大小200，点击OK，完成压力的加载，如图2-15所示。

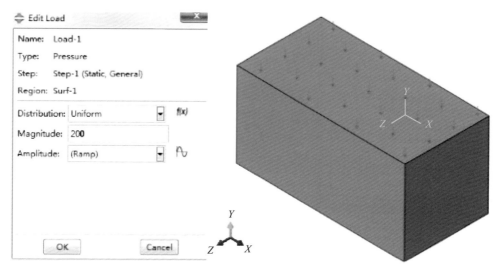

图2-15　编辑载荷

点击工具栏中的Create Boundary Condition图标，弹出创建边界条件的对话框，如图2-16所示。名称保持为默认，Step选择为Step-1，Category保持默认Mechanical，约束类型选择为Displacement/Rotation，点击Continue按钮，在提示区弹出选择region以加载约束的对话框，保持默认，在视图区中选择长方体的下表面，然后点击Done，完成约束面的选择。

在弹出窗口中，勾选U1、U2和U3，完成约束的加载，如图2-17所示。

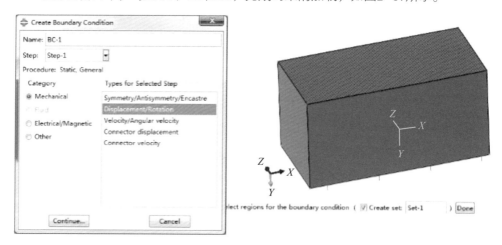

图2-16　创建边界条件

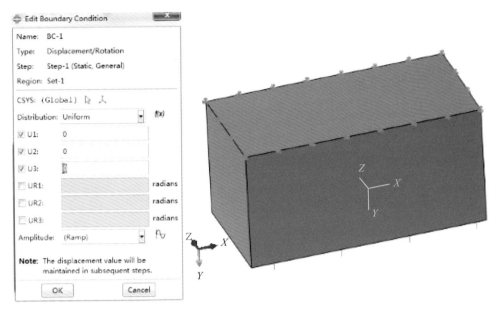

图2-17　编辑边界条件

2.2.8　划分网格

在环境栏的Module列表中选择Mesh模块。在进行网格划分之前，需要在环境栏中，将Object对象由默认的Assembly切换成Part。

单击工具区中的Seed Part工具，弹出Global Seeds对话框，如图2-18所示，将默认的单元尺寸4更改为2，点击Apply按钮，视图区的模型将显示出设置的网格密度。

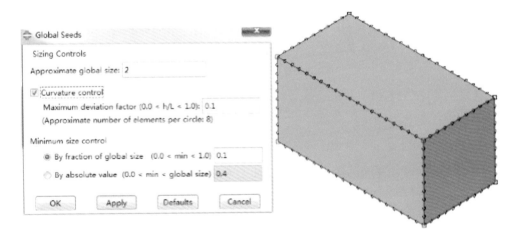

图2-18　网格密度设置

单击工具区中的Assign Element Type工具，在视图区选择长方体模型，单击提示区中的Done按钮，弹出Element Type的对话框，如图2-19所示。在Family栏中选择默认的3D Stress，其他保持默认，对话框中会显示出选用的单元类型为C3D8R，并对该单元类型进行解释，点击OK，完成单元类型的选择。

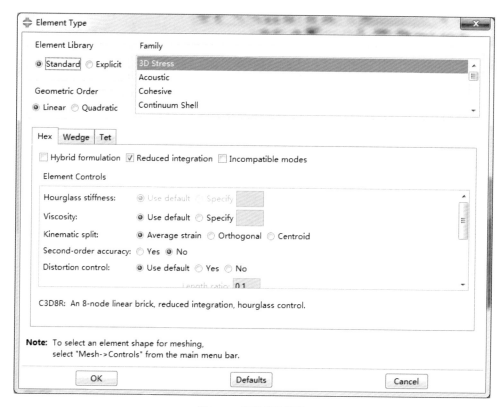

图2-19 定义单元类型

单击工具区中的 ▣ 工具（Mesh Part），再单击提示区的Yes按钮，ABAQUS即完成网格划分的工作。信息区将提示共划分了2000个单元。

2.2.9 递交作业

在环境栏的Module列表中选择Job模块，该模块用于创建和运行分析作业，也可以用于模型的检查。单击工具区的Create Job工具，弹出Create Job对话框，如图2-20所示，在Name栏中输入分析作业名称为Training，单击Continue按钮，弹出Edit Job对话框，切换到parallelization选项，勾选Use multiple processors，即激活多核心并行计算，根据电脑硬件的配置设置，本例采用默认设置。

图2-20　作业任务设置

点击OK，单击工具区的Job Manager工具，在弹出的作业管理器中点击Submit按钮，如图2-21所示，递交分析作业。

注：Write Input为写出inp文件，不递交计算，一般用于需要修改输入文件，然后再递交计算；Data Check为用于模型数据的检查，对复杂模型，建议对模型进行检查之后再递交计算；Monitor为监控工具，点击即打开监控窗口，可查看当前的计算收敛状态；Results为结果选项，计算完成后，点击该按钮，将自动载入计算结果文件；Kill为中断计算按钮。

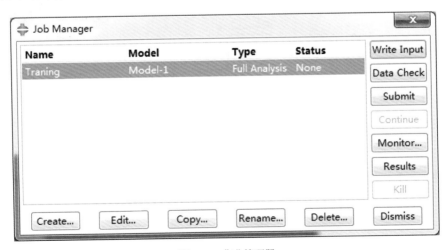

图2-21　作业管理器

2.2.10 结果后处理

单击作业管理器中的Results按钮，ABAQUS/CAE将进入Visualization模块，该模块用于分析结果的后处理。

（1）显示变形图

ABAQUS/CAE默认显示未变形结果，即该图标 📖默认选择。

单击工具区中的 🎱 图标（Common Options），弹出Common Plot Options对话框，如图2-22所示，在Basic选项卡的Deformation Scale Factor栏中选择Uniform，在其下的Value栏内输入5，即变形比例统一设置为放大5倍，单击OK按钮。单击工具区中的 📖 图标（Plot Deformed Shape），视图区即显示模型的变形图，如图2-23所示。

注：在Common Plot Options对话框中，可设置图形的显示模式，即Visible Edges，默认为Exterior edges，即显示外部的轮廓，此时将显示出单元。若要完全不显示单元，可选择No edges。

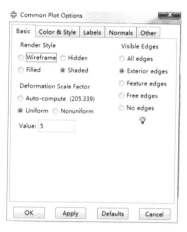

图2-22 设置变形比例

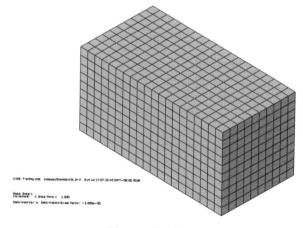

图2-23 模型变形图

（2）显示变形结果云图

单击工具区的图标 📖（Plot Contours on Deformed Shape），即显示变形云图，视图区将显示出模型的变形云图。

因显示等原因，有时候视图区的标尺和文字等形体太小，此时可通过主菜单栏中的Viewport-Viewport Annotation Options，弹出对话窗口如图2-24所示。切换到Legend栏，点击Text下的Set Font按钮，弹出Select Font对话框，通过Size可选择字体的大小，在Apply栏可选择当前字体用于哪几项的显示，一般建议全选。

注：在Legend栏中可选择结果标尺的显示形式，在Numbers栏，默认为科学计算法，可选择为Fixed或者Engineering。

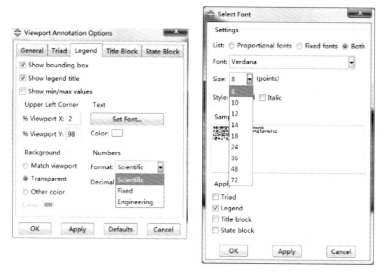

图2-24　调整字体大小

（3）显示应力结果云图

显示应力结果云图有2种途径。一种是通过主菜单中的Result-Field Output命令，弹出Field Output对话框，在Output Variable中选择S，在Invariant中选择Mises，即等效应力，点击OK即显示应力云图；另一种方法是通过工具栏，如图2-25所示。

模型的应力云图如图2-26所示。

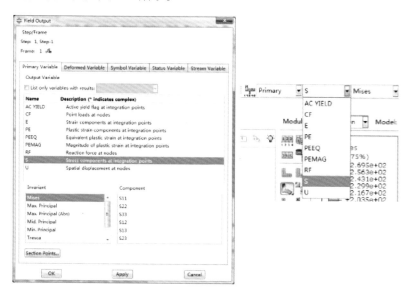

图2-25　显示应力云图选项

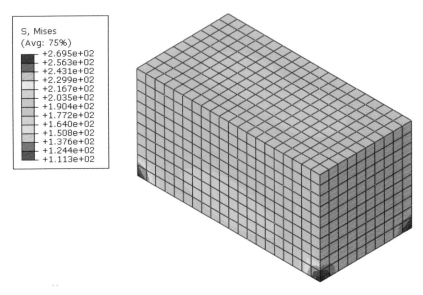

图2-26　模型应力结果

（4）查询某个节点结果

如图2-27所示，通过主菜单栏Tools-Query，在弹出的Query对话框中选中Node，在提示区便会提示选择一个节点来查询它的坐标，然后在Visualization Module Queries中选择Probe values，即查询值，在弹出Probe Values窗口中，Probe Values选项保持默认，即从视图区直接选择节点。在Probe栏中选择Nodes，此时在视图区移动鼠标时会动态显示当前节点的节点号，在Probe Values中会显示当前节点的节点号、坐标值、相关的单元以及应力值。

图2-27　查询某个节点结果

点击节点2497，便可查询到该节点的应力值，大小为201.2MPa，如图2-28所示。

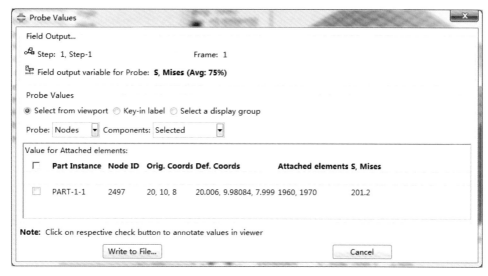

图2-28　节点号2497结果

点击Write to File按钮，弹出图2-29所示窗口。在Name栏中可定义输出文件的名称，点击Select···按钮，可选择保存文件的路径，默认保存至当前工作目录下，在Number format中可定义结果中数字的格式。

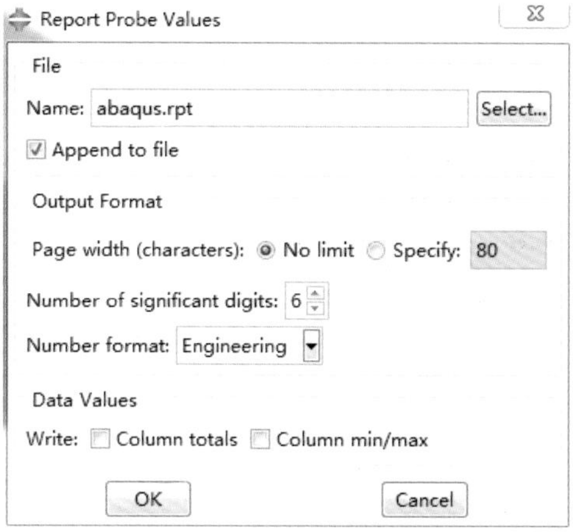

图2-29　输出查询结果文件

（5）更改图例标尺个数与间隔

点击工具区中的 图标（Contour Options），弹出Contour Plot Options对话框，在Basic栏中可以调整图例标尺的个数与数值，如图2-30所示：云图间隔个数默认为

12个，可根据需要改变该值的大小；间隔类型默认为Uniform，即等间距，也即数值成等差数列，可根据需要切换成User-defined，弹出Edit Intervals窗口，点击某个数值便可以更改。

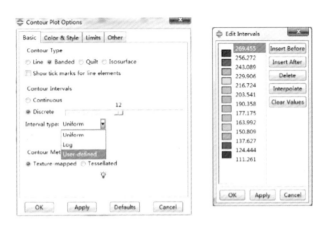

图2-30　更改图例标尺个数与间隔

（6）显示应力结果最大值与最小值

点击工具区中的 图标（Contour Options），弹出Contour Plot Options对话框，如图2-31所示，在Limits栏中，勾选Max栏后的show location，可在视图区显示出最大值位置，同样地，勾选Min栏后的show location，可在视图区显示出最小值位置，如图2-32所示。同时可以将Auto-compute切换到Specify，用户可在此输入框中输入想要的数值，如输入材料的屈服强度值，以观察模型中超出屈服强度的区域。

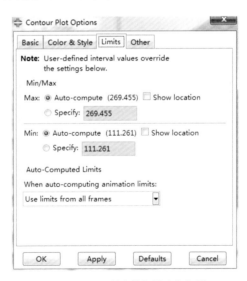

图2-31　显示最大值与最小值位置

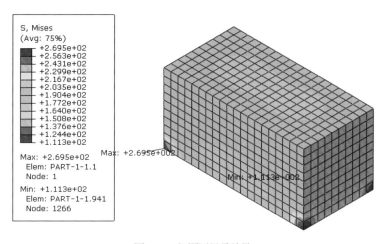

图2-32　视图区显示结果

（7）ODB结果选项

在主菜单栏中通过View-ODB Display Options...打开如图2-33所示窗口。在General栏中，可以更改Feature Angle角度，默认值为20。如果使用的是梁单元或者壳单元进行计算，则可以在Idealizations栏中，勾选对应的选项，以在视图区显示实体的计算结果。计算中若采用对称单元计算，则可以切换到Mirror/Pattern栏，勾选相应的对称平面，以显示相应的结果。

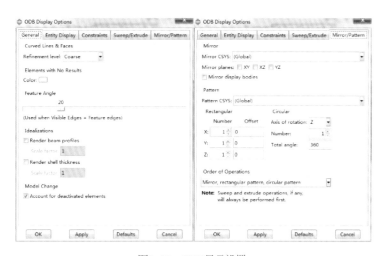

图2-33　ODB显示设置

（8）显示模型内部结果

对复杂模型，如发动机中的缸盖、机体等，需要观察内部流道的计算结果，此时可通过截面功能来观看。

点击工具区的 图标（Activate/deactivate View Cut），便可观察到内部截面处结果。点击View Cut Manager图标，打开截面管理器界面，如图2-34所示。可以定义X平面截面、Y平面截面和Z平面截面，在Position栏中，通过鼠标左键拖动来移动截平面的位置，也可以单次点击鼠标来移动，此时每次点击移动的距离和Sensitivity选项相关，该值设置得越大，单次移动的值越小。当然也可以在Positon后的窗口中直接输入数值。

勾选Allow for multiple cuts可允许多个截面同时截图。

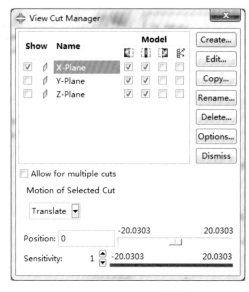

图2-34　View Cut管理器

2.3

本章小结

本章首先简要介绍了ABAQUS软件的基础，包括ABAQUS软件的用户界面、鼠标操作和相关的约定，然后通过一个简单的实例描述了ABAQUS完成一个计算的操作过程，让读者对ABAQUS的计算过程有个大致的了解。

第3章

连杆强度有限元分析

连杆是内燃机的重要构件和主要运动件，其结构形状和受载的状况均很复杂。连杆的可靠性和寿命在很大程度上影响着内燃机的可靠性和寿命。对连杆设计主要的要求是：在保证足够的强度、刚度和稳定性下，尽可能达到质量轻、体积小、形状合理，并最大限度地减缓过渡区的应力集中。

3.1

计算内容

连杆强度的仿真计算包括以下计算内容：

（1）应力场计算：通过静力学分析方法，得到连杆的应力场分布。

（2）高周疲劳安全系数计算：基于应力场结果计算得到连杆的高周疲劳安全系数。

（3）屈曲安全性分析：采用理论计算方法计算压杆稳定性。

3.1.1 问题描述

连杆是柴油机最重要的运动件之一。连杆必须具有足够的结构刚度和疲劳强度来保证其工作可靠。即在力的作用下，应避免杆身被显著压弯而导致活塞相对于气缸、衬套相对于轴颈发生歪斜，因此需要考虑连杆的屈曲稳定性。同时，应避免连杆大小头孔的显著变形而导致与轴承无法正常地配合，因此需评估大小头孔的变形。连杆的工作可靠性在很大程度上影响着整个内燃机的工作可靠性。连杆受到交变应力作用，在局部区域还会产生应力集中，需要对关键部位进行应力校核、疲劳分析。近年来，国内外内燃机行业从业者及学者对连杆的有限元分析进行了大量的研究。

发动机标准曲柄-连杆机构运动的简图如图3-1所示。气缸中心线通过曲轴中心 O，OB 为曲柄，AB 为连杆，B 为曲柄销中心，A 为连杆小头孔中心

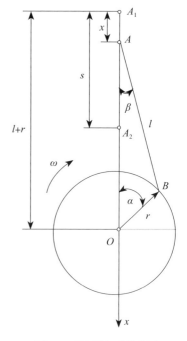

图3-1　曲柄连杆结构简图

或活塞销中心。

对于现代的高速发动机，由于曲柄回转角速度变化很小，因此，曲柄的运动可以近似地认为是等角速度旋转的。当曲柄按等角速度旋转时，曲柄OB上任意点都以O点为圆心做等速旋转运动，活塞A点沿气缸中心线做往复运动，连杆AB则做复合的平面运动，其大头B点与曲柄一端相连，做等速的旋转运动，而连杆小头与活塞相连，做往复运动。

如图3-1所示，此时曲柄转角为α，并且按逆时针方向旋转，连杆轴线在其摆动平面内偏离气缸中心线的角度为β。当$\alpha=0°$时，连杆轴颈中心B和活塞销中心A都在最上面位置，称之为上止点（即A_1点），当$\alpha=180°$时，A和B都在最下面位置，称之为下止点（即A_2点）。如果曲柄半径OB的长度为R，连杆AB长度为l，曲柄半径与连杆长度的比值为λ，即$\lambda=r/l$，λ称为曲柄连杆比。

当曲柄按等角速度ω旋转时，曲柄OB上任意点都以O点为圆心做等速旋转运动，活塞（A点）沿气缸中心线做往复运动，连杆AB则做复合的平面运动，其大头（B点）与曲柄一端相连，做等速的旋转运动，而连杆小头与活塞相连，做往复运动。在实际分析中，为使问题简化，一般将连杆简化为分别集中于连杆大头和小头的两个集中质量，认为它们分别做旋转和往复运动。

活塞做往复运动时，其速度和加速度是变化的。活塞加速度可由图3-1的几何关系推导计算，在此不再详细推导。其精确计算公式如下式所示：

$$a = Rw^2 \left[\cos\alpha + \lambda\frac{\cos2\alpha}{\cos\beta} + \frac{\lambda^2}{4}\frac{\sin^2 2\alpha}{\cos^2\beta} \right]$$

近似计算公式如下式所示：

$$a = Rw^2\cos\alpha + R\omega^2\lambda\cos2\alpha$$

由上式可以得出，当$\alpha=0°$时，a取得最大值，即：

$$a = Rw^2\left(1+\lambda\right)$$

连杆主要承受的载荷有：气体作用力、运动件的惯性、重力、摩擦力、弯曲载荷、装配静载等。其中，气体作用力和惯性导致连杆承受反复的拉压作用，易对连杆造成疲劳损坏。

连杆的有限元强度分析不仅对连杆的可靠性进行定量分析，还可以为连杆的优化设计提供依据，并指导设计思路和改进方向。

本章节从工程实际出发，以某型发动机连杆为例，计算了连杆在典型工况下的应力分布情况，并基于应力场结果进行了高周疲劳的计算，包括网格划分、材料定义、约束和载荷定义、疲劳计算和结果分析等等。最后评估了连杆的屈曲安全性，详细阐述了连杆强度分析的整个过程。

3.1.2　计算流程

连杆强度的有限元分析流程如图3-2所示。

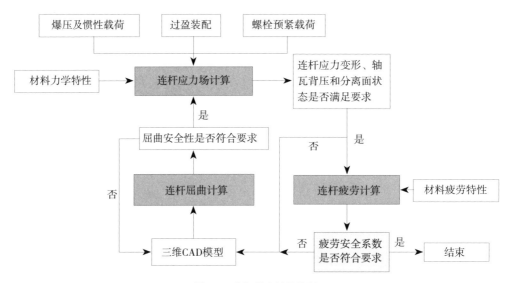

图3-2　连杆强度计算流程

3.1.3　评价指标

发动机连杆强度分析需要重点考察的内容包括：变形结果、应力结果、衬套与轴瓦背压的评估、分离面的评估、屈曲分析以及疲劳安全系数等几个方面。

（1）变形评估：连杆大、小头的变形以及大头与曲柄销的接触角是否满足磨损和润滑要求；

（2）应力评估：连杆各关键部位的当量应力是否在材料安全极限以内；

（3）衬套与轴瓦背压的评估：过盈配合下两部件的接触压力是否满足要求；

（4）分离面的评估：连杆盖与连杆杆身接触面在最大惯性作用下的分离情况；

（5）屈曲分析：杆身压杆稳定性评估；

（6）疲劳安全系数：连杆各关键部位的疲劳安全系数是否满足要求。

3.2 计算仿真过程

3.2.1 模型描述

连杆仿真计算模型包含了活塞销、衬套、杆身、轴瓦、杆盖、曲柄销（用刚性面表示）和螺栓，如图3-3所示。注：一般采用1/2模型进行计算。

其中，曲柄销（刚性面）在ABAQUS软件中建立。建立的过程如图3-4所示，进入Part模块，点击工具区图标 （Create Part），Part名字输入crankpin，然后按照旋转的方法（Revolved）建立半径为46.5mm、高度为40mm的三维（3D）解析刚体（Analytical rigid），建立完成后绕Z轴旋转90°完成与其他组件的装配。

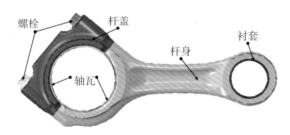

图3-3　连杆仿真计算模型

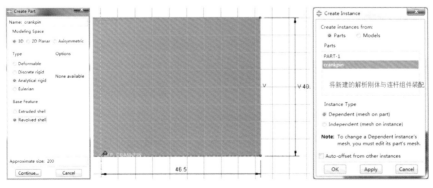

图3-4　建立曲柄销过程

3.2.2　网格划分

有限元分析计算主要包括3个步骤，即前处理、分析计算和后处理。而前处理是其中最主要的一个步骤，通常占据着有限元分析70%左右的时间。前处理主要指网格划分，就是将分析对象按照一定的尺寸和比例划分成连续、无断点的网格单元。网格划分质量的好坏直接影响计算的结果。

网格划分采用ABAQUS软件中mesh模块来完成，当然也可以借助专业的前处理软件来完成，如ANSA或者HYPERMESH。因连杆结构复杂，因此采用二阶四面体修正单元C3D10M进行网格划分。为确保计算结果准确可靠，在关键区域进行适当的网格加密处理，如图3-5所示。

其中：对红圈部分（大小头端和杆身过渡区域）进行了加密处理。另外，为提高计算的收敛性，以及计算结果的准确性，接触对主从面网格尽量做到节点——对应，如图中绿色框中所示。

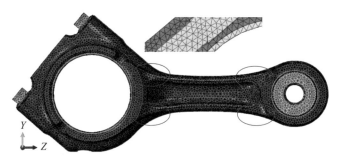

图3-5　连杆网格模型

3.2.3　定义分析步

将ABAQUS/CAE工作环境切换到Step模块，应用菜单Step-Create或者在工具区中找到创建分析步的快捷图标，调出图3-6所示的创建分析步对话框，为了便于后续的结果处理，除了默认的初始分析步，还建立了9个分析步。

其中：第1个分析步为加载最小螺栓预紧力，第2个分析步为加载最大螺栓预紧力，第3个分析步为卸载螺栓力，不施加任何载荷，第4个分析步为加载过盈载荷，第5个分析步为卸载过盈载荷，第6个分析步为爆压载荷加载准备工况，第7个分析步为爆压加载工况，第8个分析步为惯性力加载准备工况，第9个分析步为惯性力加载工况。

图3-6　创建分析步

计算工况载荷的加载情况如表3-1所示：

表3-1　计算工况载荷加载情况

分析步序号	载荷			
	螺栓预紧载荷	过盈载荷	惯性力载荷	爆压载荷
1	√			
2	√			
3				
4		√		
5				
6				
7				√
8				
9			√	

另外，需定义计算输出，分为场输出（Field Output）和历史输出（History Output），一般选择默认输出即可。在本例中，增加了曲柄销支反力和支反力矩的输出，即集合RFP_Crank的支反力和支反力矩的输出。

3.2.4　定义材料

将ABAQUS/CAE工作环境切换到Property模块，应用菜单Material-Create或者在工具区中找到创建材料的快捷图标，调出图3-7所示材料定义对话框。按表3-2材料参数给出的参数定义。

在对话框中，按如下步骤输入参数：

- 命名：对话框中"Name"为Steel。
- 弹性模量和泊松比：对话框中应用Mechanical-Elasticity-Elastic，定义弹性模量和泊松比，按表3-2输入参数。
- 密度：对话框中应用General-Density，定义密度，输入7.85E-9。

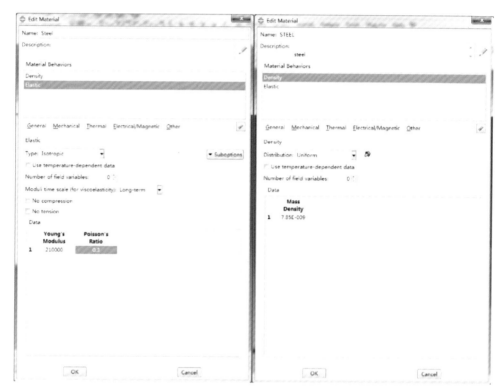

图3-7　材料定义对话框

在静力学计算中，一般只需要定义弹性模量、泊松比和密度。因连杆组件中各零件的材料参数值一样，因此在模型中只定义了一种材料。

表3-2　材料参数

	杆身、杆盖	活塞销	螺栓	衬套、轴瓦（钢背）
材料名称	C70	20Cr	Steel	Steel
弹性模量（N/mm²）	2.1e5	2.1e5	2.1e5	2.1e5
泊松比	0.3	0.3	0.3	0.3
密度（ton/mm³）	7.85e-9	7.85e-9	7.85e-9	7.85e-9

注：本书示例一律采用N-mm-s的单位制。材料定义既可以在前处理软件中完成，也可以在ABAQUS软件当中完成，区别在于：在前处理软件当中完成，则可以整体导入到ABAQUS软件，整个模型被识别成1个part和多个set；而如果想在ABAQUS当中完成材料的定义，则建议单个零件分别导入，否则在材料定义时不方便，在ABAQUS中定义材料的优势在于可以调用材料库Material Library。本示例是在前处理软件当中完成材料定义的。

定义好材料后，需要定义截面属性，即Section，点击Create Section图标，如图3-8所示，名称按习惯输入，选择Category为Solid，Type为Homogeneous，并在Material中选择创建好的材料Steel。

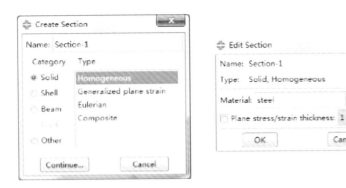

图3-8　Section定义

创建好Section后，需要将Section属性赋给几何。点击Assign Section图标，弹出如图3-9所示的对话框，在图形框中选中实体，并可以将选中的实体定义为一个set，方便后续选择，默认的Set名字为Set-1，输入名称为Shank_solid，然后点击Done完成实体的选择。

在接下来弹出如图3-10所示的对话框中，选择上一步定义好的Section-1，赋予给定义好的实体Shank_solid。

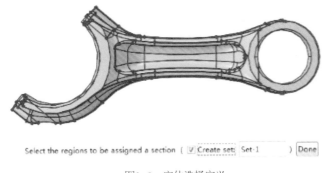

图3-9　实体选择定义

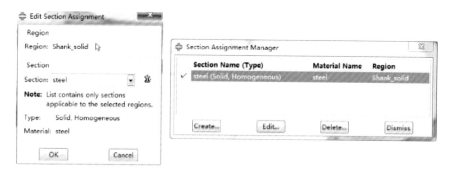

图3-10　Assign Section定义

注：其他Part分别按此步骤完成材料属性的定义，在此不再重复。

3.2.5　定义接触

接触定义包含3个方面的工作，首先是需要定义相关的接触面，其次是定义接触属性，最后是完成接触对的定义。

（1）创建接触面

将ABAQUS/CAE工作环境切换到Interaction模块，然后在顶部菜单栏中依次选择Tools-Surface-Create，弹出图3-11所示对话框，在Type中选择Geometry，也即是基于几何来创建接触面。

图3-11　接触面定义

注：也可以基于网格mesh，按图3-11红框所示，选择选项切换成表层网格。在定义接触面的过程中，ABAQUS默认有2种方法，一种是by angle，也就是基于角度选择，另一种是individually，也就是单个选择。一般来说，在默认鼠标设置情况下，先使用by angle，按住shift键选择，然后再切换成individually，按住ctrl键，去除多选的网格。

根据计算模型的需要，分别创建用于接触对定义的接触面，本示例中定义了22个面。其中：pin-inertia为惯性加载面，pin-gas为爆压载荷加载面，bolt1-load和bolt3-load为螺栓预紧力的加载面。

（2）创建接触属性

在顶部菜单栏中依次选择Interaction-Property-Create或者在工具区中找到创建接触属性的快捷图标，弹出图3-12所示对话框，分别定义切向属性和法向属性。

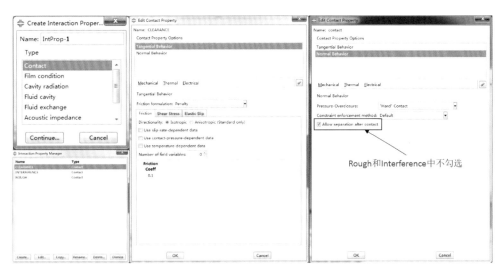

图3-12 接触属性定义

本示例按照模型需要，共定义3个不同的接触属性。分别为clearance、rough和interference。其中：clearance用于间隙接触和其他一般接触，rough用于定义杆身和杆盖之间的接触，interference用于过盈接触。

（3）创建接触对

在顶部菜单栏中依次选择Interaction-Create或者在工具区中找到创建接触对的快捷图标，创建如图3-13所示的接触对，包括：衬套和活塞销（pin-bush）、杆盖和轴瓦（cap_shell）、杆身和衬套（conrod_bush）、杆身和杆盖（shank_cap）、杆身和轴瓦（conrod_shell）、轴瓦和曲柄销（crankpin-shell）。

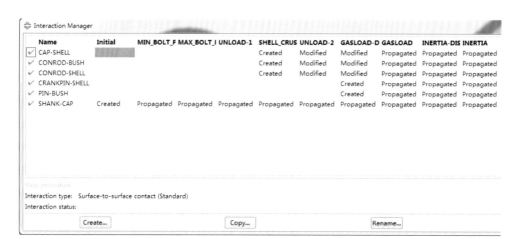

图3-13　接触对定义

以接触对**cap_shell**为例，讲述接触对设定中需要注意的问题。

首先是主从面的选择。ABAQUS中的接触对由主面（master surface）和从面（slave surface）构成。在模拟过程中，接触方向总是主面的法线方向，从面上的节点不会穿越主面，但主面上的节点可以穿越从面。定义主面和从面时需要注意：若两个面都为柔性面，则一般选择网格较粗的面为主面；若其中一个面为刚性面，则刚性面需要定义为主面（如本示例中的曲柄销）。

其次是接触滑移公式的选择。ABAQUS中默认为有限滑移（finite sliding），即两个接触面之间可以有任意的相对滑动，在分析过程中，需要不断地判定从面节点和主面的哪一部分发生接触，因此计算代价较大。本书中不作特别说明的情况下一律选择小滑移（small sliding）来进行计算，对于小滑移的接触对，ABAQUS在分析的开始就确定了从面节点和主面的哪一部分发生接触，在整个分析过程中这种接触关系不会再发生变化，因此计算代价更小。

最后是过盈量的定义。ABAQUS中定义过盈有2种方法：一种是使用contact interference，该方法需要定义幅值曲线（默认的Ramp是从1降到0）；另一种是使用Clearance，该方法不需要定义幅值曲线，而是在分析的一开始全部过盈量便被施加到模型上，而且无法在分析过程中改变过盈量的大小。如果此过盈量太大，可能会导致计算不收敛。

具体的设置如图3-14所示。其中：在过盈量的定义中，负值表示过盈，正值表示间隙。

注：在第5个分析步中卸载过盈装配载荷，即将过盈量设置为趋近于0的值（不能设置为0），并在第6个分析步中更改接触属性，即切向不发生分离。

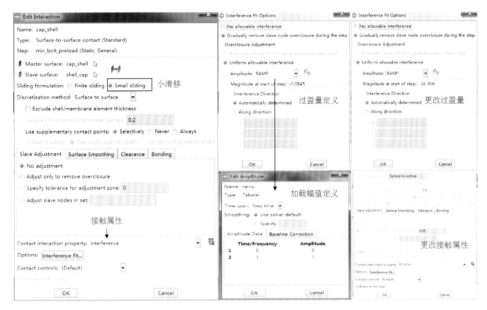

图3-14 接触对参数设置

（4）创建约束

螺母与杆盖、螺栓杆身与连杆杆身、上瓦与下瓦采用绑定约束（Tie），见图3-15，分别选择主面和从面，其余按照默认参数设置。

爆发压力加载点与活塞销、活塞惯性力加载点与活塞销采用coupling来进行定义，见图3-16。在定义coupling之前，需要为参考点建立set，为对应的耦合面创建Surface。其中：参考点RFP_Gas定义为活塞销顶部中心点投影到活塞销轴线的点；参考点RFP_Inertia定义为活塞销底部中心点投影到活塞销轴线的点；耦合面Pin-Gas定义为活塞销顶部120°范围；耦合面Pin-Inertia定义为活塞销底部120°范围。

需要说明的是：定义耦合约束时，也可以事先不定义相应的集合或面，而是直接点击模型中的相应位置，这种方法虽然简单直接，但是在将来检查模型错误或者修改模型时，会很不方便。本书推荐的方法是：在定义约束、边界条件、载荷或者场变量等模型参数时，都事先定义好相应的集合和面，并给出容易识别的名称。

曲柄销刚性面和参考点之间需要建立rigid body，见图3-17。在定义rigid body之前，首先为参考点定义set集合为RFP_crank，为解析刚性面定义Surface，名称为crankpin，并注意选择面的方向，在ABAQUS中会提示选择Brown还是Purple，即棕色还是紫色。然后分别选择参考点和刚性面完成刚性体的定义。

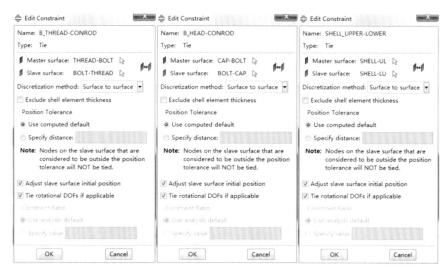

图3-15　绑定约束定义

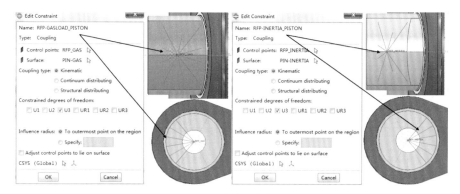

图3-16　耦合约束定义

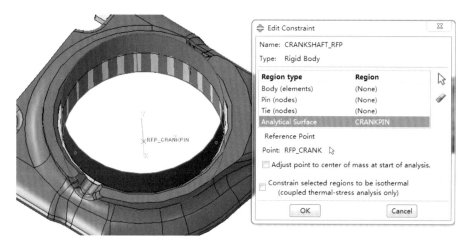

图3-17　刚性体定义

3.2.6 定义载荷

连杆组件所受载荷包括螺栓预紧力、爆发压力、惯性和过盈装配载荷。

（1）螺栓预紧力

在连杆组件中，连杆体和连杆盖通过螺栓来连接，为了防止连杆体和连杆盖的接合面在工作载荷的拉伸下脱开，需要在承受工作载荷之前，预先受到力的作用，这个预加作用力称为预紧力。

连杆螺栓预紧力具体由两部分来组成：一是保证连杆轴瓦过盈量所必须具有的预紧力；二是保证在发动机工作时，连杆体和连杆盖之间的结合面不会因惯性而分开所必须具有的预紧力。

螺栓预紧力的大小可由以下计算公式得出：

$$M = 0.2P_0 d_M \times 10^{-2}$$

式中：M——螺栓拧紧力矩，Nm；

$\quad\quad P_0$——螺栓预紧力，N；

$\quad\quad d_M$——连杆螺栓螺纹外径，mm。

本示例中螺栓规格为M12×1.5，螺栓强度等级为10.9级。经计算得到最小螺栓力为90kN（用于评价滑动），最大螺栓力为120kN（用于评价应力）。本次计算采用的是一半模型，因此分别按45kN 和60 kN进行加载。螺栓力的定义过程如图3-18所示。

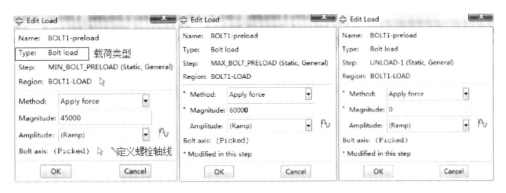

图3-18 螺栓预紧力的加载

载荷类型选择Bolt Load，在第1个分析步中，定义最小螺栓预紧力。在第2个分析步中，定义最大螺栓预紧力。在第3个分析步中，将螺栓预紧力卸载，即定义螺栓预紧力大小为0。

另外，预紧力的加载需要定义加载的方向（Bolt axis），如果螺栓轴线刚好和坐标轴平行，则选择相应的坐标轴即可。

（2）爆发压力

在做功行程中，连杆受到由活塞传递过来的气体作用力。作用于活塞的气体作用力为：

$$P_z = \frac{\pi D^2}{4}(P_j - P_0)$$

式中　P_j——气缸内气体的绝对压强，MPa；

P_0——曲轴箱内气体的绝对压强，MPa；

D——气缸直径，mm。

对于四冲程内燃机来说，通常认为P_0为一常数，取P_0=0.1MPa，P_j则可由发动机示功图来得到，它随时间做周期性的变化。本文中，该发动机的示功图如图3-19所示：

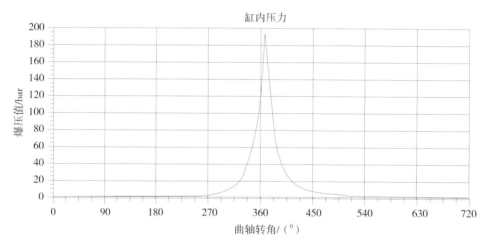

图3-19　发动机标定工况下的示功图

由上图可以得出：燃气爆发压力的最大值并不是正好出现在上止点处，此时连杆承受最大压缩载荷。但是在静态强度计算中，为了便于计算，通常近似认为最大爆发压力出现在上止点处。

缸内爆发压力作用在活塞顶部，通过活塞销传递到连杆上。因此，在计算时，将爆发压力加载到活塞销上，本示例中以集中力（concentrated force）的方法，加载到参考点RFP_Gas上，大小为-120000N，如图3-20（a）所示。

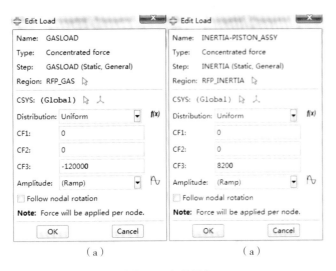

图3-20　加载压力

（3）惯性

惯性包括活塞惯性、活塞销惯性和连杆惯性。活塞惯性以集中力的形式加载到参考点RFP_Inertia上，大小为8200N，如图3-20（b）所示。活塞销惯性以加速度载荷形式加载，加载过程如图3-21（a）所示。加速度大小按照下式进行计算得到。

$$a = (1+\lambda)Rw^2$$

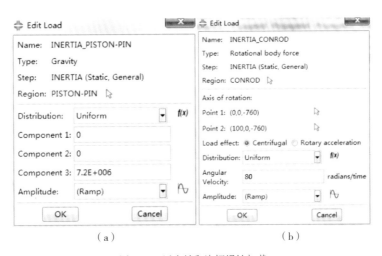

图3-21　活塞销和连杆惯性加载

连杆惯性包括连杆小端往复惯性和连杆大端旋转惯性，将两部分惯性合并按照旋转体力形式来进行加载，加载过程如图3-21（b）所示。加速度大小按照下式进行计算得到。其中，L为连杆长度，L_{rs}为连杆重心到连杆大头孔重心的距离。

$$a_{\text{conrod}} = \left(1 + \lambda \frac{L_{\text{rs}}}{L}\right) R w^2$$

（4）过盈装配载荷

连杆组件的过盈装配载荷由两部分组成：一是连杆小头与衬套间的过盈装配载荷，二是连杆大头与曲柄销间的过盈装配载荷。在本书中，是通过定义过盈量来施加过盈装配载荷的。

首先是连杆小头衬套过盈量的计算：连杆小头衬套径向过盈量ΔD由两部分组成，即衬套最大装配过盈量Δz和衬套温度过盈量Δt。其中，衬套最大装配过盈量Δz等于连杆衬套外圆上偏差值减去连杆小头孔下偏差值。该计算值可由设计图纸得到。衬套温度过盈量Δt由下式来计算：

$$\Delta t = \left(\alpha - \alpha'\right) \cdot T \cdot D$$

式中：α和α'分别为连杆材料线膨胀系数和衬套材料线膨胀系数；T为柴油机工作后连杆小头的温升，一般在100℃至150℃之间；D为衬套外径，单位为mm。

其次是连杆大头轴瓦过盈量的计算：连杆轴瓦的过盈量必须用专门的量具测量，如图3-22所示，连杆轴瓦在压紧力P_t的作用下产生变形量为v，此时轴瓦的一端仍有一部分突出在模具基准面以上，此突出部分的高度μ称为余面高度。v由下式来计算：

$$v = 5.98 \times 10^{-6} D_0 \frac{P_t}{B t'}$$

式中 D_0——轴瓦外径，mm；

B——轴瓦宽度，mm；

t'——轴瓦的当量厚度，mm。

轴瓦总的压缩变形量h由下式计算：

$$h = v + \mu$$

轴瓦径向过盈量ΔD_0由下式计算：

$$\Delta D_0 = \frac{h}{\pi / 2}$$

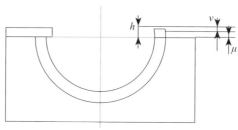

图3-22　轴瓦过盈量的测量

3.2.7　定义约束

将ABAQUS/CAE工作环境切换到Load模块，应用菜单BC-Create或者在工具区中找到创建边界条件的快捷图标，创建如图3-23所示的约束边界条件。

其中：RFP-Fix-Gas和RFP-Fix-Inertia除放开U3自由度外，其余约束，约束点分别为RFP_Gas和RFP_Inertia；crankshaft初始为全约束，约束点为RFP_Crank，在爆压准备工况和惯性力准备工况中，为消除配合间隙对约束进行更改，如图3-24所示；symmetry为定义的对称约束；Hold-conrod1、Hold-conrod2、Hold-Pin、Hold-shells为辅助约束，即限制刚体位移；Pin-Vertical为限制活塞销的运动，在爆压准备工况和惯性力准备工况中，为消除配合间隙对约束进行更改，如图3-25所示。

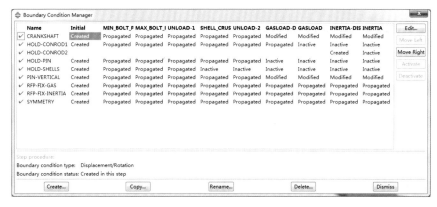

图3-23　约束边界条件管理

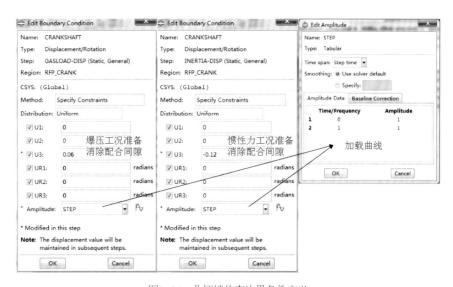

图3-24　曲柄销约束边界条件定义

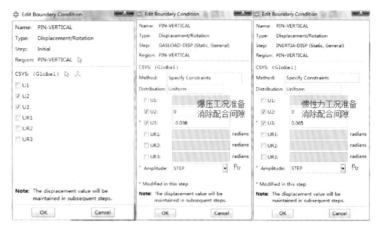

图3-25 活塞销约束边界条件定义

3.2.8 求解控制

将ABAQUS/CAE工作环境切换到Job模块，应用菜单Job-Create或者在工具区中找到创建作业任务的快捷图标，创建如图3-26所示的作业任务。根据分析作业的类型和计算电脑的配置进行相关的设置，然后便可提交进行计算。

一般来说，在递交计算之前，需要进行模型的检查（data check），检查没有问题之后再递交任务（Submit）。当然，有时也希望先写出INP文件做进一步的修改（因为有些关键字CAE界面中不支持），此时可选择Write Input，修改完之后既可以在Command中利用命令提交计算，也可以在CAE界面中提交计算。

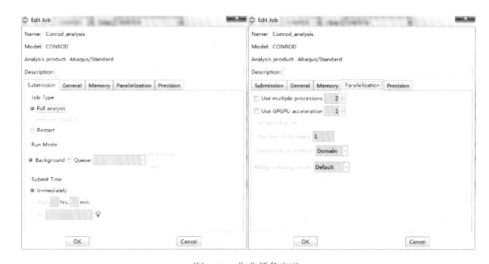

图3-26 作业任务定义

3.3 结果分析

3.3.1 变形结果

连杆沿长度方向的变形将会直接影响到活塞的行程，进而改变了柴油机的压缩比，对柴油机的性能产生很大的不利影响，同时也会加剧曲轴连杆活塞系统的振动，因此，有必要对连杆的杆身变形进行限制。

如图3-27所示为爆压工况和惯性工况下，连杆小端孔中心点的z向位移。可以看到：在爆压工况下z向位移值为-0.294mm，在惯性工况下z向位移值为0.218mm，均满足要求。

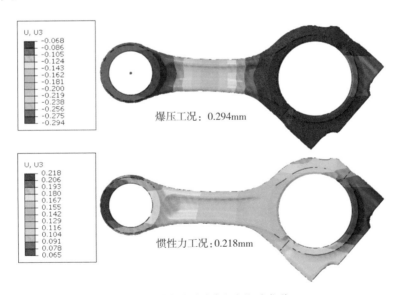

图3-27 连杆小端孔中心点的z向位移

对于连杆来说，两端孔变形非常重要。在轴瓦最大过盈装配，最大爆压及最大惯性载荷工况下，大头孔的径向变形量应小于轴瓦和曲轴径向最大间隙量的75%，同时要求曲柄销和轴瓦的接触角小于160°。有衬套存在时，连杆小头的径向变形量应小于活塞销和衬套径向最大间隙量的90%~100%，同时要求活塞销和衬套的接触角小于160°。变形量满足要求才可以保证部件间的最小润滑油膜厚度，如果不满足要求，则需要在EXCIT中进行油膜计算。

如图3-28所示为连杆大小头在最大爆发压力和惯性力作用下的接触开口分布情况，从图中来看，接触角均小于160°，满足要求。

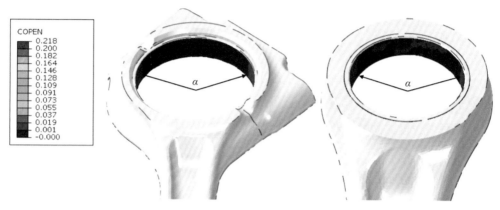

图3-28　连杆大小头接触开口分布

3.3.2　应力结果

应力结果的评价分为两个部分，静强度破坏和疲劳破坏。静强度的评估是判断连杆各部件的应力水平是否在其材料的强度极限范围以内，也可以采用屈服极限来评价（结果相对保守）；而疲劳破坏则注重于动应力引起的另一种形式的破坏，连杆的疲劳性能预测在后面内容中详细叙述。这里主要阐述有关静强度问题的应力评估。

通常情况下，除螺纹以及螺栓头部（螺母）下的区域外的连杆各部位在各工况下最大Von Mises应力都应该小于屈服极限。

对轴瓦装配载荷工况要注意轴瓦切向方向的平均应力必须小于所用轴瓦材料的压缩屈服极限。如果这个条件没有满足，那么计算（弹性材料）必须在缩小的过盈量下重复进行。通常线性缩小就可以满足需要达到的轴瓦屈服极限。

图3-29为第2个分析步（最大螺栓预紧力）下连杆的应力分布情况，图3-30为第4个分析步（轴瓦过盈）下连杆的应力分布情况，图3-31为第7个分析步（爆压）下连杆的应力分布情况，图3-32为第9个分析步（惯性）下连杆的应力分布情况，从结果来看，静强度符合要求。

图3-29　第2个分析步下应力分布

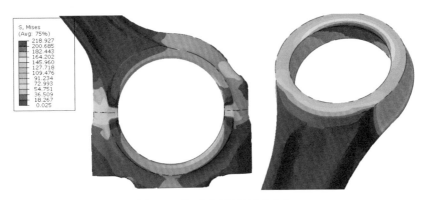

图3-30　第4个分析步下应力分布

其中：第2个分析步中，主要关注螺栓孔区域应力分布；第4个分析步中，主要关注大小头孔区域应力分布；第7个分析步中，主要关注连杆杆身的应力分布；第9个分析步中，主要关注过渡圆角等区域的应力分布情况。

图3-31　第7个分析步下应力分布

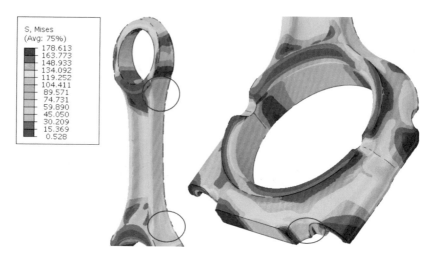

图3-32 第9个分析步下应力分布

3.3.3 轴瓦背压

轴瓦的背压水平和分布趋势对轴瓦和连杆之间的相对运动有重要的影响。详细评估材料的磨损是非常复杂和费时的，在此我们将主要通过对轴瓦背压水平来初步预测其磨损情况。首先，轴瓦背压的分布应尽量均匀。其次，在最小轴瓦过盈配合下，根据经验，大头轴瓦不发生磨损的最小允许背压是9.5MPa，最佳背压分布在10～15MPa。图3-33为连杆衬套和连杆轴瓦的背压分布图。

图3-33 背压分布图

磕损是一种很复杂的现象，目前在没有进行瞬态分析的情况下还不清楚如何去发现磕损的发生机理。因此，上面提及的背压的临界压力值仅仅是一个经验值，它只能从宏观上给出判断轴瓦的磕损临界特性。

3.3.4　分界面

杆盖与杆身接触面在最大惯性作用下的分离情况需要进行评估，保证接触面不会发生分离的情况。也即是在最小螺栓载荷、最大轴瓦过盈装配载荷和最大惯性载荷作用下分界面上的接触压力不能小于0。

图3-34为杆身和杆盖在惯性工况下接触面应力的分布情况。

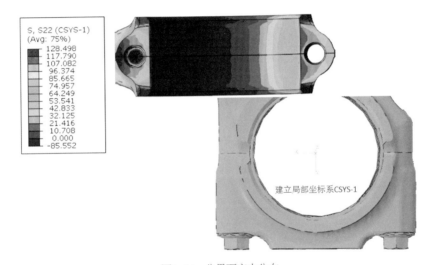

图3-34　分界面应力分布

3.4　疲劳分析

连杆疲劳分析采用高周疲劳（S-N）分析方法，计算高周疲劳的目的是为了保证连杆在整个转速范围内动态载荷的安全性。本书采用FEMFAT软件来计算高周疲劳。

3.4.1 工况选择

需要计算的基本载荷工况是最大螺栓载荷、最大轴瓦过盈量载荷、最大爆发压力载荷和最大惯性载荷。为了计算实际的工况点（参见图3-35工况点示意图），基本载荷工况按比例缩放，然后将载荷工况进行组合（LCCs），目的是为了确定平均应力和应力幅值。

根据点火方式、发动机大小和转速范围，确定那些需要计算的工况点，以估算发动机的有限寿命，如图3-35所示，按照转速的不同，需要计算4个工况点。

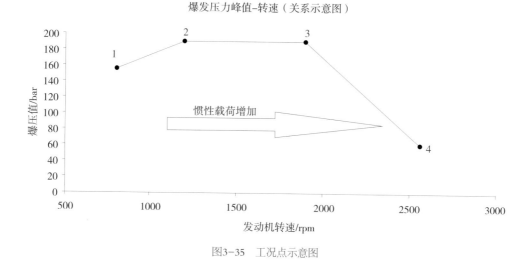

图3-35　工况点示意图

将螺栓预紧力载荷和轴瓦过盈装配载荷引起的应力作为恒定载荷，爆发压力载荷和惯性载荷作为动态载荷。每个转速下工况的定义如表3-3所示。

表3-3　工况定义

工况名称	工况描述
LCC1	恒定载荷+爆压载荷+惯性载荷
LCC2	恒定载荷+惯性载荷
LCC3	恒定载荷+惯性载荷
LCC4	恒定载荷

其中：LCC1和LCC2用于杆身的评价，LCC3和LCC4用于连杆小头和杆盖的评价。

打开FEMFAT软件，选择Basic模块，然后导入ABAQUS计算结果文件。在Stress Data中选择Upper/Lower。然后选择相应的工况，如图3-36所示。

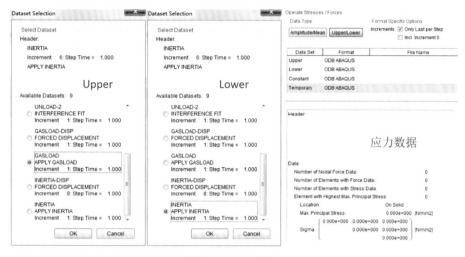

图3-36 工况选择

Upper选择爆压工况，Lower选择惯性力工况。由这两个工况计算得到相应的应力幅和平均应力进行高周疲劳的计算。

3.4.2 安全系数说明

给定的材料数据对不同大小、表面粗糙度和置信度的试验零件都是有用的，因此必须根据影响因子来改进连杆系各零件的设计。影响因子的定义是相对材料特性，为取得零件有限寿命所要求的动态安全因子。零件计算的最小安全系数必须大于（或等于）所要求的安全系数。

影响因子包括零件的存活率、耗散因子、影响尺寸以及表面粗糙度等。零件的存活率一般由其功用决定，耗散因子由材料决定，特殊尺寸影响由零件危险截面决定，表面粗糙度由制造工艺决定。

对于连杆分析，零件的存活率一般取99.99%，特殊尺寸影响为工字梁最薄处的内接圆直径的2倍。材料一般为钢类，耗散因子取1.35。一般连杆为锻造时，表面粗糙度R_z=60，连杆为铸造时，R_z=140。根据供应商的制造水平不一样，此值可能会有所不同。相对于屈服强度（静态安全因子）来讲仅有的影响因子是99.99%的存活率和模型本身的影响。

3.4.3 材料定义

应力疲劳分析的基础是$S-N$曲线，又称为wholer曲线。$S-N$曲线用作用应力S与到结构破坏时的寿命N之间的关系描述，反应材料的疲劳性能。

在FEMFAT软件中，可以导入材料参数，也可以在软件界面中创建材料参数。在创建材料参数时，只需要选择对应的材料类型，输入已知的材料参数，然后按键盘中的Enter键即可。图3-37所示为连杆材料的材料参数、$S-N$曲线和赫氏图。

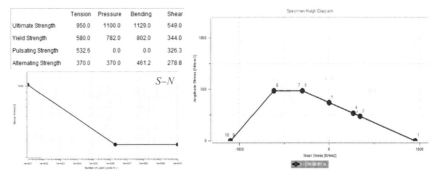

图3-37　材料参数定义

3.4.4 求解参数设置

求解参数设置包括疲劳安全系数的计算方法、应力数据的选择、置信度的定义和影响因子的选择等。

针对连杆的计算，采用R=const的方法（即认为应力比保持不变），应力数据自动选择，置信度设置为99.99%，考虑表面粗糙度、特征尺寸等的影响。具体设置如图3-38所示。

图3-38　求解参数设置

3.4.5　结果评价

在Output中定义输出ODB格式的疲劳分析结果文件。计算完成后导入到ABAQUS软件中进行后处理。

图3-39为高周疲劳计算结果，从图中可以看到，最小安全系数大于1.1，满足要求。

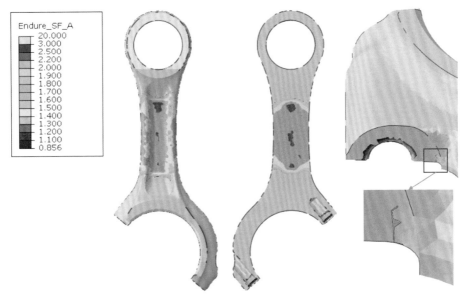

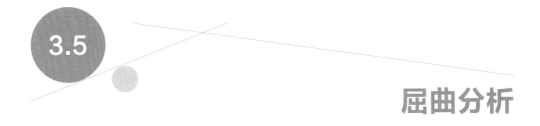

图3-39　连杆高周疲劳计算结果

3.5

屈曲分析

　　屈曲分析主要用于研究结构在特定载荷下的稳定性以及确定结构失稳的临界载荷。静力分析方法认为杆件的破坏取决于材料的强度，当杆件承受的应力小于其许用应力时，杆件便可安全工作，对于细长受压杆件却并不一定正确。压杆在承受的应力小于其许用应力时，杆件会发生变形而失去承载能力，这类问题称为压杆屈曲问题，或者压杆失稳问题。

工程中许多细长构件如发动机中的连杆、液压缸中的活塞杆和订书机中的订书钉等，以及其他受压零件，如承受外压的薄壁圆筒等，在工作的过程中，都面临着压杆屈曲的问题。

临界载荷是受压杆件承受压力时保持杆件形状的载荷上限。压杆承受临界载荷或更大载荷时会发生弯曲，如图3-40所示。经典材料力学使用Euler公式求取临界载荷：

$$F_{cr} = \frac{\pi^2 EJ}{(\mu l)^2}$$

$$F_{cr} \longrightarrow \overset{\frown}{\qquad\qquad\qquad} \longleftarrow F_{cr}$$

图3-40　压杆弯曲示意图

该公式在长细比超过100时有效。针对不同的压杆约束形式，参数μ的取值如表3-4所示。

表3-4　Euler公式中参数μ的取值

约束情况	一端固定，一端自由	一端固定，一端绞支	两端绞支	两端固定	两端固定，一端可横向移动
群	2	0.7	1	0.5	1

3.5.1　连杆惯性矩

连杆杆身从弯曲刚度和锻造工艺性考虑，多用工字型断面，如图3-41所示。

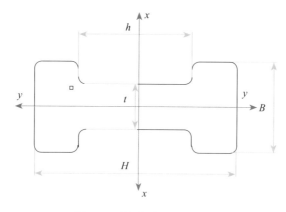

图3-41　连杆杆身断面示意图

其中，$X-X$为垂直摆动平面，$Y-Y$为摆动平面。惯性矩的计算如下式所示：

$$I_{X-X} = \frac{1}{12}\left[BH^3 - (B-t)h^3\right]$$

$$I_{Y-Y} = \frac{1}{12}\left[(H-h)B^3 + ht^3\right]$$

选取杆身最薄弱之处进行计算，将参数数值代入后计算得到：

$$I_{X-X} = 38000\text{mm}^4$$

$$I_{Y-Y} = 138000\text{mm}^4$$

3.5.2 连杆柔度计算

根据材料力学知识，压杆总是在柔度最大的平面内失稳。连杆在摆动平面内，连杆无平动自由度，但可绕销转动，两端可简化为铰支座；在垂直于摆动平面内，两端可简化为固定端。柔度计算如下式所示：

$$\lambda = \frac{\mu L}{\sqrt{\dfrac{I}{A}}}$$

其中，对应铰支，$\mu=1$；对应固支，$\mu=0.5$。

本示例，连杆长度$L=240$mm，连杆杆身横截面面积$A=700$mm^2，代入计算得到：摆动平面内，$\lambda=16.3$；垂直摆动平面内，$\lambda=17.1$。由此可知，连杆在垂直摆动平面内更容易失稳。

3.5.3 临界应力计算

若压杆属于大柔度杆，即压杆的临界应力σ_j不超过材料的比例极限σ_p，或者$\lambda \geq \lambda_p$，则可以使用欧拉公式来计算临界应力：

$$\lambda_p = \sqrt{\frac{\pi^2 E}{\sigma_p}}$$

$$\sigma_j = \frac{\pi^2 E}{\lambda^2}$$

若压杆不属于大柔度杆，则需根据经验公式（直线公式或抛物线公式）来判断连杆是属于中柔度杆还是小柔度杆，然后根据经验值得到临界应力。

若$\lambda_s < \lambda < \lambda_p$，则连杆属于中柔度杆。$\lambda_s$定义如下式所示。其中：$a$，$b$是与材料性质

有关的常数。

$$\lambda_{\mathrm{s}} = \frac{a - \sigma_{\mathrm{s}}}{b}$$

$$\sigma_{\mathrm{j}} = a - b\lambda$$

若$\lambda < \lambda_{\mathrm{s}}$，则属于小柔度杆，属于强度问题，临界应力为屈服极限或者强度极限。如图3-42所示：

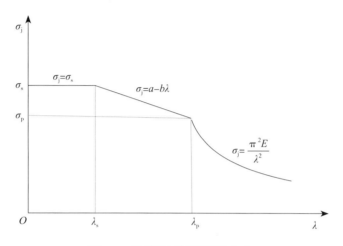

图3-42　临界应力计算示意图（1）

表3-5为直线公式对应的常见材料的a和b值：

表3-5　直线公式参数取值

材料名称	a/MPa	b/MPa
铸铁	332	1.454
硬铝	392	3.26
强铝	373	2.15
松木	28.7	0.19
铬钼钢	980	5.296
Q235（10钢、25钢、A3钢）	304	1.12
35钢（优质碳钢）	461	2.57
45钢、55钢（硅钢）	578	3.74

对临界应力超过比例极限的压杆，也可应用抛物线公式，抛物线公式一般采用以下形式：

$$\sigma_{\mathrm{j}} = \sigma_1 - b_1 \lambda^2$$

式中，a_1为塑性材料的屈服极限σ_{s}，或者脆性材料的强度极限σ_{b}；b_1为与材料有关的常数。

若$\lambda \geqslant \lambda_p$，则采用欧拉公式计算；若$\lambda < \lambda_p$，则采用抛物线公式进行计算。如下图3-43所示：

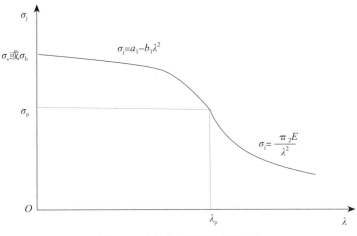

图3-43 临界应力计算示意图（2）

本示例中，连杆材料名称为C70S6BY（高碳钢），弹性模量为206000N/mm²，抗压屈服强度为782MPa，抗压比例极限强度σ_p=626MPa，由计算得到λ_p=57，所以有$\lambda < \lambda_p$。因此，该连杆不属于大柔度杆。

根据抛物线公式：

$$\sigma_j = 782 - b_1 \lambda^2$$

将（λ_p，σ_p）代入上式，求得：b_1=0.048，所以有：

$$\sigma_j = 782 - 0.048\lambda^2$$

在摆动平面内，λ=16.3，在垂直摆动平面内，λ=17.1，分别代入得到：在摆动平面内，临界应力σ_j=769.2MPa；在垂直摆动平面内，临界应力σ_j=767.96MPa。由此可以计算得到：

在摆动平面内，安全系数：

$$n_1 = \frac{769.2 \times 700}{240000} = 2.244$$

在垂直摆动平面内，安全系数：

$$n_1 = \frac{767.96 \times 700}{240000} = 2.240$$

参考相关评价标准，避免发生塑性屈曲的安全系数n=1.6，因此连杆的屈曲安全性符合要求。

3.6

INP文件解释

下面是节选的输入文件Conrod_analysis.inp，并对关键字加以解释。

**文件抬头说明

*Heading

** Job name: Conrod_analysis Model name: CONROD

** Generated by: ABAQUS/CAE 6.14-2

*Preprint, echo=NO, model=NO, history=NO, contact=NO

**Part名称定义

** PARTS

**定义Part，名称为BOLT1

*Part, name=BOLT1

*End Part

**定义Part，名称为BOLT2

*Part, name=BOLT2

*End Part

**定义Part，名称为BUSH

*Part, name=BUSH

*End Part

**定义Part，名称为CAP

*Part, name=CAP

*End Part

**

*Part, name=CRANKPIN

*End Part

**

*Part, name=PIN

*End Part

```
**

*Part, name=SHANK

*End Part

**

*Part, name=SHELL－LOWER

*End Part

**

*Part, name=SHELL－UPPER

*End Part
```

**装配体定义

```
** ASSEMBLY

**

*Assembly, name=Assembly
```

**BOLT1零件定义

```
*Instance, name=BOLT1－1, part=BOLT1
```

**节点坐标

```
*Node

      1,          0.,    47.6730156,    43.9186325

      2,          0.,    48.2475471,    44.4007225

……………………

   4786,    −13.65343,    84.2641296,    −5.33835697
```

**单元类型为C3D10M

```
*Element, type=C3D10M

   1, 538,  539, 83, 306, 769, 768, 767, 771, 770, 772

   2, 538, 267, 82, 268, 775, 774, 773, 777, 776, 778

                  …………………

2723, 346, 108, 511, 109, 4525, 4524, 4123, 4120, 4773, 4124
```

**节点集合定义，节点编号从1到4786

```
*Nset, nset=Bolt1_solid, generate

   1, 4786, 1
```

**单元集合定义，单元编号从1到2723

```
*Elset, elset=Bolt1_solid, generate
```

  1, 2723, 1

**截面属性定义，材料为steel

** Section: steel

*Solid Section, elset=Bolt1_solid, material=steel

,

**完成BOLT1零件的定义

*End Instance

**

                    ....

**材料属性定义：密度为7.85E-9，弹性模量为210000MPa，泊松比为0.3

** MATERIALS

**

*Material, name=steel

*Density

 7.85e-09,

*Elastic

210000., 0.3

** 接触属性定义

** INTERACTION PROPERTIES

**

*Surface Interaction, name=CLEARANCE

1.,

*Friction, slip tolerance=0.005

 0.1,

*Surface Behavior, pressure-overclosure=HARD

*Surface Interaction, name=INTERFERENCE

1.,

*Friction, slip tolerance=0.005

0.1,

*Surface Behavior, no separation, pressure-overclosure=HARD

*Surface Interaction, name=ROUGH

1.,

*Friction, rough

*Surface Behavior, no separation, pressure−overclosure=HARD

……………

**约束边界定义

** BOUNDARY CONDITIONS

**

** Name: CRANKSHAFT Type: Displacement/Rotation

*Boundary

RFP_CRANK, 1, 1

RFP_CRANK, 2, 2

RFP_CRANK, 3, 3

RFP_CRANK, 4, 4

RFP_CRANK, 5, 5

RFP_CRANK, 6, 6

………………

**接触对定义，定义接触属性为Rough，小滑移，接触类型为面对面接触，调整参数为0.1

** INTERACTIONS

**

*Contact Pair, interaction=ROUGH, small sliding, type=SURFACE TO SURFACE, adjust=0.1

CAP−SHANK, SHANK−CAP

………………

**定义分析步，名称为MIN_BOLT_PRELOAD

** STEP: MIN_BOLT_PRELOAD

**

*Step, name=MIN_BOLT_PRELOAD, nlgeom=NO

APPLY MIN BOLT LOAD

**分析步参数定义

*Static

1., 1., 1e−05, 1.

**

** LOADS

** 定义螺栓预紧力，大小为45000N

** Name: BOLT1-preload   Type: Bolt load

*Cload

_BOLT1-preload_blrn_, 1, 45000.

** Name: BOLT3-preload   Type: Bolt load

*Cload

_BOLT3-preload_blrn_, 1, 45000.

**

....

**定义输出

** OUTPUT REQUESTS

**

*Restart, write, frequency=0

*Print, solve=NO

** 场输出定义

** FIELD OUTPUT: stress-strain-displacement

**

*Output, field

*Node Output

U,

*Element Output, directions=YES

E, S

**

** FIELD OUTPUT: F-Output-1

**

*Output, field, variable=PRESELECT

**

** HISTORY OUTPUT: RFP_CRANK

**历程输出

*Output, history

*Node Output, nset=RFP_CRANK

RF1, RF2, RF3, RM1, RM2, RM3

```
**
** HISTORY OUTPUT: H-Output-1
**
*Output, history, variable=PRESELECT
*End Step
```
          ....

3.7

本章小结

　　本章以连杆分析为例，从网格的划分、接触属性的设置、接触对的定义、分析步的定义以及载荷和约束的定义等，详细阐述了连杆分析的全部过程。本章内容总结如下：

　　（1）连杆强度分析的评价指标主要包括：变形结果、应力结果、衬套与轴瓦背压的评估、分离面的评估、屈曲分析以及疲劳安全系数等几个方面。

　　（2）采用二阶四面体单元进行网格划分，为提高计算的收敛性，以及计算结果的准确性，接触对主从面网格尽量做到节点——对应。

　　（3）定义了9个分析步：第1个分析步为加载最小螺栓预紧力，第2个分析步为加载最大螺栓预紧力，第3个分析步为卸载螺栓力，不施加任何载荷，第4个分析步为加载过盈载荷，第5个分析步为卸载过盈载荷，第6个分析步为爆压载荷加载准备工况，第7个分析步为爆压加载工况，第8个分析步为惯性力加载准备工况，第9个分析步为惯性力加载工况。

　　（4）连杆组件所受载荷包括螺栓预紧力、爆发压力、惯性和过盈装配载荷。

　　（5）评估了连杆的屈曲安全性。

第4章

连杆优化分析

　　发动机的结构十分复杂,而连杆是发动机中最重要的传动零件之一,并且工作条件十分恶劣,因此设计好一个连杆对发动机而言是十分重要的。

　　连杆的设计方法分为传统的设计方法和现代的CAE技术。相对于传统设计分析手段,如按规范设计、实验方法等设计方法,CAE 技术具有极大的优势。当前的产品设计方式面临着创新、缩短设计周期等挑战这就对CAE技术提出了更高的要求。

结构优化概述

在ABAQUS中，结构优化是一个反复迭代的过程，它可以帮助改善结构的设计。一个好的结构优化设计是轻量化、刚度和耐久性的综合。ABAQUS提供2种结构优化的方法：拓扑优化和形状优化。

拓扑优化基于初始的模型，通过改变选定单元的材料属性得到一个最适宜的设计；形状优化则是通过移动表面的节点来减小局部应力集中，从而进一步改善设计。两种优化方法均通过目标值和约束来进行控制。

优化是通过增加设计人员经验和直觉价值的缩短产品开发周期的一种工具。为了优化模型，必须设定好目标和约束条件，如此程序才会在约束框架内向优化目标迈进。仅仅描述要减小应力或增大特征值是不够的，必须有更加具体的定义。比如，最小化两种载荷下的最大节点应力值，最大化前5阶的特征值之和。优化的目标称为目标函数。另外，在优化过程中可以设置某些值。例如，可以指定给定节点的位移值不超过某个值，某个设定值便称为约束。

4.1.1 拓扑优化

ABAQUS拓扑优化提供了两种算法：通用算法（General Algorithm）和基于条件的算法（Condition-based Algorithm）。通用拓扑优化算法是通过调整设计变量的密度和刚度以满足目标函数和约束，其较为灵活，可以应用到大多数问题中。相反，基于条件的算法则使用节点应变能和应力作为输入数据，不需要计算设计变量的局部刚度，其更为有效，但能力有限。

从以下几个方面比较两种算法：

（1）中间单元。通用算法对最终设计会生成中间单元（相对密度介于0~1之间）。相反，基于条件的算法对最终设计生成的中间单元只有空集（相对密度接近于0）或实体（相对密度为1）。

（2）优化循环次数：对于通用优化算法，在优化开始前并不知晓所需的优化循环次数，正常情况在30~45次。基于条件的优化算法能够更快地搜索到优化解，默认循环次数为15次。

（3）分析类型。通用优化算法支持线性、非线性静力和线性特征频率分析。两种算法均支持几何非线性、接触和大部分非线性材料。

（4）目标函数和约束。通用优化算法可以使用一个目标函数和数个约束，这些约束可以全部是不等式限制条件，多种设计响应可以被定义为目标和约束，而基于条件的优化算法仅支持应变能力作为目标函数，材料体积作为等式限制条件。

4.1.2　形状优化

形状优化主要用于产品外形仅需微调的情况，即进一步细化拓扑优化模型，采用的算法与基于条件的拓扑算法类似，也是在迭代循环中对指定零件表面的节点进行移动，重置既定区域的表面节点位置，直到此区域的应力为常数（应力均匀），达到减小局部应力的目的。

形状优化可以用应力和接触应力、选定的自然频率、弹性应变、塑性应变、总应变和应变能密度作为优化目标，仅能用体积作为约束，但可以设置几何限制，以满足零件制造可行性（冲压、铸造等）。当然也可以冻结某特定区域、控制单元尺寸、设定对称和耦合限制。

4.2 连杆拓扑优化示例

该实例展示连杆的拓扑优化过程。拓扑优化是在给定的设计空间内找到最优的材料分布来达到优化的目的。拓扑优化主要用于设计开发过程初始阶段，即通过拓扑优化得到零件的大致轮廓。

拓扑优化的计算流程如图4-1所示，从图中可以看出：拓扑优化的流程大致包含

3个主要部分：

（1）网格划分：采用合适的网格尺寸对几何进行网格划分。优化计算支持壳单元和实体单元。

（2）定义分析步：根据优化计算的类型来定义相应的分析类型，如线性、非线性静力分析static，general，线性特征频率分析static，linear perturbation。

（3）优化求解设置：定义优化类型、设计区域、设计响应和目标函数等。

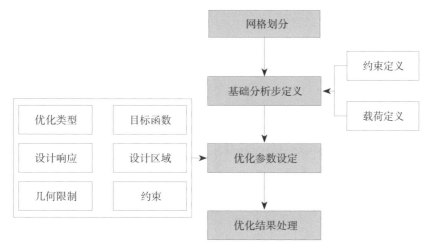

图4-1　拓扑优化分析流程

4.2.1　模型描述

由于在本例中，主要对杆身进行优化，因此模型中只包含连杆杆身。将杆身CAD模型导入到ABAQUS软件中，采用二阶四面体单元进行网格划分，连杆的网格模型如图4-2所示。

图4-2　连杆三维模型

4.2.2　材料定义

连杆材料为弹性金属材料，弹性模量为210GPa，泊松比为0.3，密度为7800kg/m³。对于本连杆，一般不考虑温度的影响，材料系数可取为常数，此处定义连杆和连杆盖的材料均为各向同性的线弹性材料精选45号钢，其屈服强度σ_s=640MPa，弹性模量E=2.1e11N/m²，密度RHO=7.85g/cm³，泊松比NU=0.3，如图4-3所示。

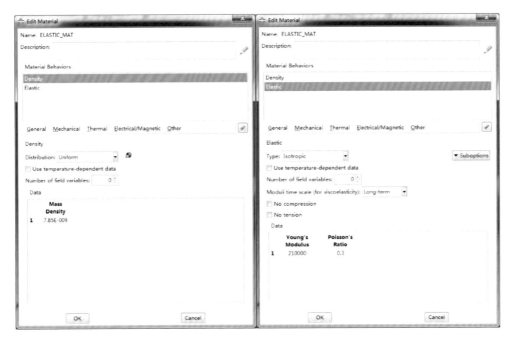

图4-3　连杆材料参数定义

4.2.3　边界条件和载荷

连杆在工作时承受周期性变化的外力作用。一般来说，连杆的破坏大多是由于拉压疲劳所引起的。因此在静态应力分析计算时，主要选择连杆受最大拉力和最大压力两种工况来进行计算。在定义分析步之前，首先定义了6个set，如图4-4所示。其中，REP_Crankpin为连杆大头中心，REP_Gas为连杆小头中心，Design Area为设计区域，Frozen Area为不动区域，negative和positive分别为设计区域的正面和反面。

在Interaction中分别定义连杆大小头中心点与连杆大小头孔内孔的耦合，如图4-5所示。

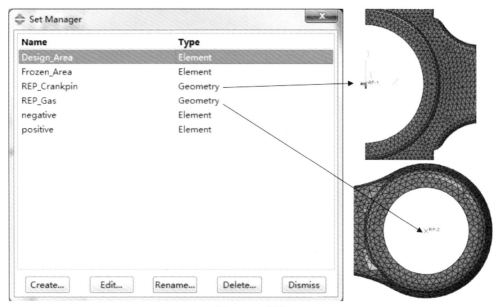

图4-4 set定义

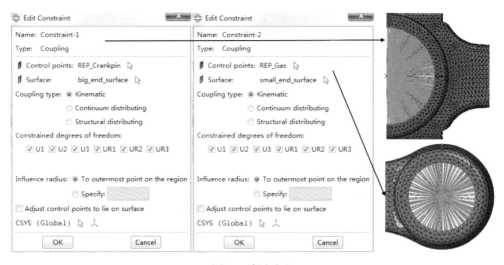

图4-5 耦合定义

本例中定义了两个step，step1为拉工况，step2为压工况。

载荷加载情况如图4-6所示。在拉工况中加载Z方向集中力2000N，在压工况中加载Z方向集中力-25000N，加载点REP_Gas为连杆小头中心点。

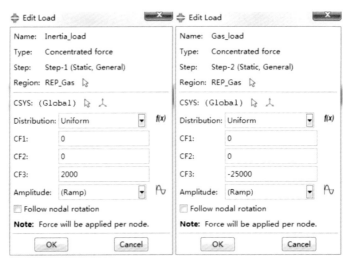

图4-6　载荷定义

将连杆大头孔中心进行全约束。

4.2.4　优化求解设置

在ABAQUS中切换到Optimization模块，求解设置如下所述：

（1）优化任务

如图4-7所示创建一个拓扑优化任务。优化类型选择Topology optimization，优化算法选择为Conditon-based，为确保在最终设计中有好的网格质量，对设计区域的单元进行了平滑操作。

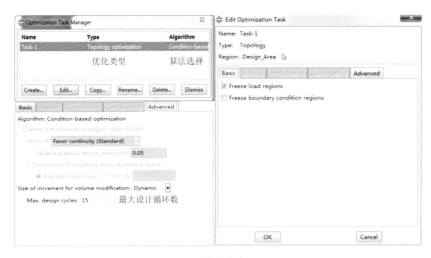

图4-7　优化任务定义

（2）设计区域

模型中的设计区域是指在优化过程中会改变的区域，如图4-8中红色高亮部分。设计区域之外的区域用于施加约束和载荷。

（3）设计响应

在工具区中打开Response Manager管理器，定义如图4-9所示的设计响应。本例中共定义了两个设计响应。一个为应变能，另一个为体积。

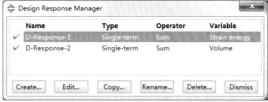

图4-8　设计区域定义　　　　　　　　　　图4-9　设计响应定义

（4）目标函数

在工具区中打开Function Manager管理器，定义如图4-10所示的目标函数。本例中共定义了一个目标函数，即应变能最小。

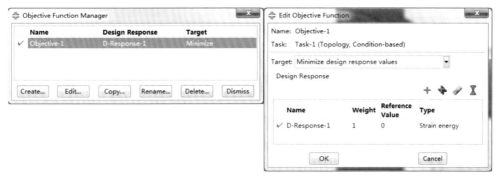

图4-10　目标函数定义

（5）约束

在工具区中打开Constraint Manager管理器，定义如图4-11所示的约束。本例中共定义了一个约束，即优化后体积目标值为原体积的70%。

（6）几何限制

在工具区中打开Geometric Manager管理器，定义如图4-12所示的几何限制。本例中共定义了五个几何限制：Restrict-1为不动区域设置，将杆身两侧表面单元定义为Frozen area；Restrict-2和Restrict-3为连杆杆身对称约束；Restrict-4和Restrict-5为生产制造约束，图中显示Restrict-4设置，Restrict-5与之类似，只是Region和Collision check region选择negative，Pull Direction定义为（-1，0，0）。

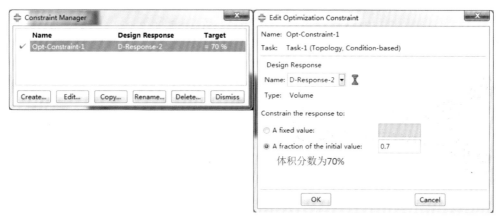

图4-11　约束定义

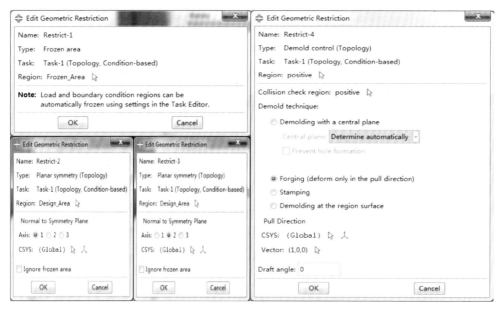

图4-12　几何限制定义

4.2.5　结果与讨论

优化参数设置完成后，切换到Job模块，在工具栏中点击打开Optimization

Process面板,如图4-13所示,参数值保持默认值。

经过15个设计循环计算后得到最终的结果,点击Combine,将计算结果进行合并,然后点击Results,最终的优化结果如图4-14所示。图中显示的是材料的分布情况,从图中可以看出,杆身中间部分是可以去除材料的。

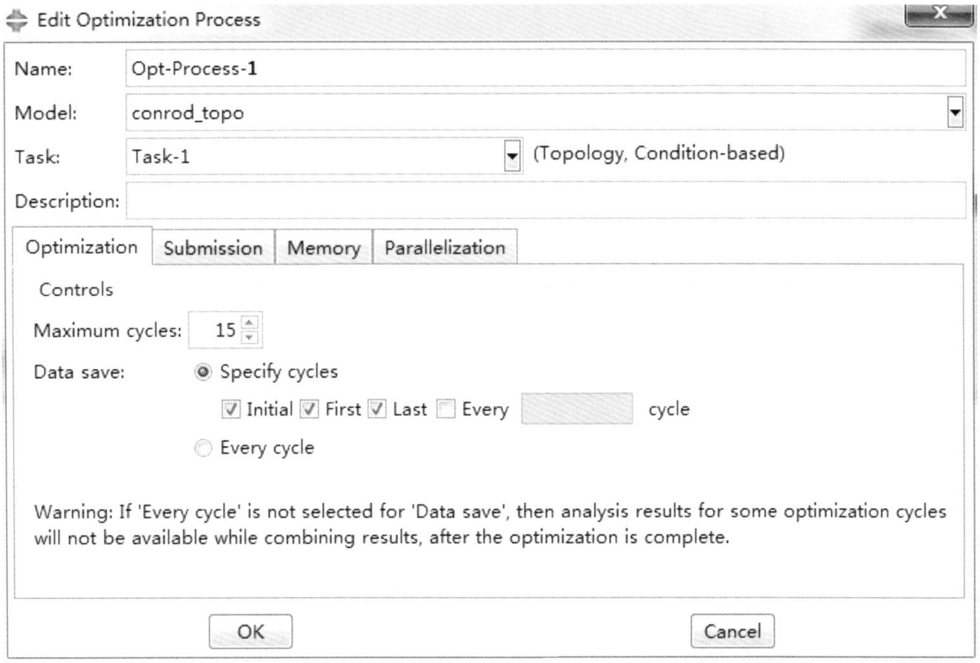

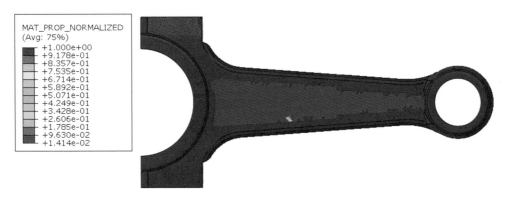

图4-13 建立优化计算进程

图4-14 拓扑优化计算结果

4.3

连杆形状优化示例

该实例展示连杆的形状优化过程。形状优化是在不改变连杆体积的情况下通过优化模块来最小化连杆的应力集中。形状优化是小幅度地改变设计区域表面节点的位置来达到优化的目的。形状优化主要用于设计开发过程接近结束阶段，即零件的大致轮廓已经定型，只允许做一些细微的调整。

形状优化的计算流程如图4-15所示，和拓扑优化流程几乎一致。从图中可以看出：形状优化的流程大致包含3个主要部分：

（1）网格划分：采用合适的网格尺寸对几何进行网格划分。优化计算支持壳单元和实体单元。

（2）定义分析步：根据优化计算的类型来定义相应的分析类型，如线性、非线性静力分析static，general，线性特征频率分析static，linear perturbation。

（3）优化求解设置：定义优化类型、设计区域、设计响应和目标函数等。

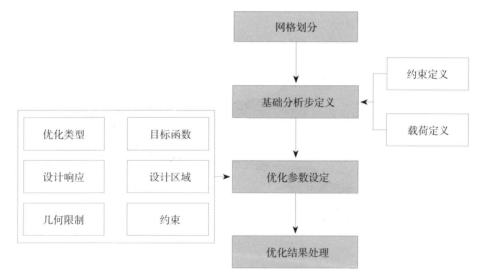

图4-15　形状优化分析流程

4.3.1 模型描述

由于在本例中，主要对杆身进行优化，因此模型中只包含连杆杆身。将杆身CAD模型导入到ABAQUS软件中，采用二阶四面体单元进行网格划分，连杆的网格模型如图4-16所示。

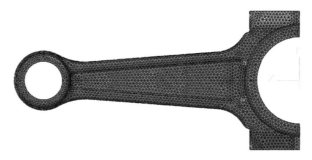

图4-16 连杆三维模型

4.3.2 材料定义

连杆材料为弹性金属材料，弹性模量为210 GPa，泊松比为0.3，密度为7800kg/m³。对于本连杆，由于不考虑温度的影响，材料系数可取为常数，此处定义连杆和连杆盖的材料均为各向同性的线弹性材料精选45号钢，其屈服强度σ_s=640MPa，弹性模量E=2.1e11N/m²，密度RHO=7.85g/cm³，泊松比NU=0.3，如图4-17所示。

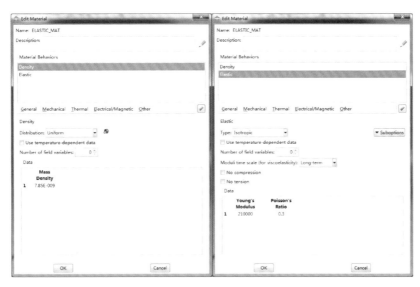

图4-17 连杆材料参数定义

4.3.3　边界条件和载荷

连杆在工作时承受周期性变化的外力作用。一般来说，连杆的破坏大多是由于拉压疲劳所引起的。因此在静态应力分析计算时，主要选择连杆受最大拉力和最大压力两种工况来进行计算。在定义分析步之前，首先定义了4个set，如图4-18所示。其中，REP_Crankpin为连杆大头中心，REP_Gas为连杆小头中心，Design nodes为设计区域的节点，mesh_smooth_elements为设计区域的单元，surf_demold_neg和surf_demold_pos为定义制造约束节点组。

在Interaction中分别定义连杆大小头中心点与连杆大小头孔内孔的耦合，如图4-19所示。

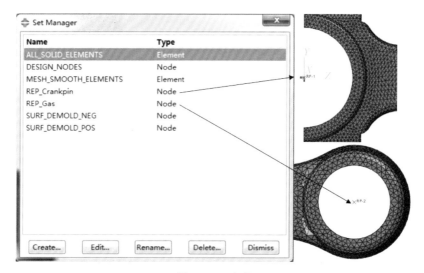

图4-18　set定义

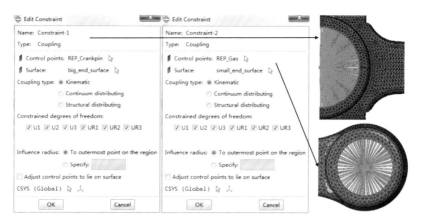

图4-19　耦合定义

本例中定义了两个step，step1为压工况，step2为拉工况。

载荷加载情况如图4-20所示。在压工况中，在小头中心点加载Z方向集中力-25000N。在拉工况中，在小头中心点加载Z方向集中力2000N，并在大头中心点加载Y方向集中力1750N；约束加载情况如图4-21所示。在压工况中，大头孔中心点释放UR1自由度，小头孔中心点释放U3自由度和UR1自由度；在拉工况中，大头孔中心点释放U2自由度，并在UR1中施加角位移0.004，小头孔中心点约束保持不变。

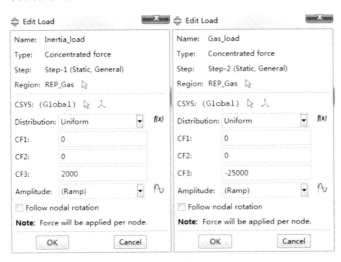

图4-20　载荷定义

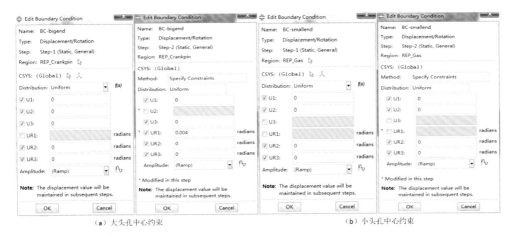

（a）大头孔中心约束　　　　　　　　　　　　（b）小头孔中心约束

图4-21　约束加载情况

4.3.4　优化求解设置

在ABAQUS中切换到Optimization模块，求解设置如下所述：

（1）优化任务

如图4-22所示创建一个形状优化任务。优化类型选择Shape optimization，优化算法选择为Conditon-based，为确保在最终设计中有好的网格质量，对设计区域的单元进行了平滑操作。Advanced选项保持默认设置。

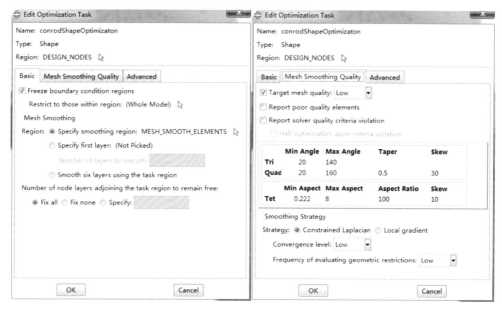

图4-22 优化任务定义

（2）设计区域

模型中的设计区域是指在优化过程中会改变的区域，如图4-23中红色高亮部分。设计区域之外的区域用于施加约束和载荷。

（3）设计响应

在工具区中打开Response Manager管理器，定义如图4-24所示的设计响应。本例中共定义了三个设计响应。两个为米塞斯等效应力，另一个为体积。

图4-23 设计区域定义

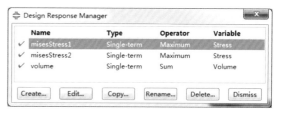

图4-24 设计响应定义

（4）目标函数

在工具区中打开Function Manager管理器，定义如图4-25所示的目标函数。本例中共定义了一个目标函数，即让设计区域中的最大应力值最小化。

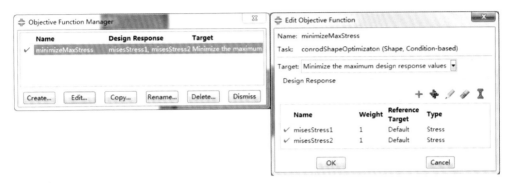

图4-25　目标函数定义

（5）约束

在工具区中打开Constraint Manager管理器，定义如图4-26所示的约束。本例中共定义了一个约束，即优化后体积目标值为原体积的100%，体积保持不变。

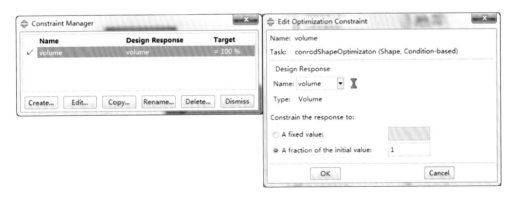

图4-26　约束定义

（6）几何限制

在工具区中打开Geometric Manager管理器，定义如图4-27所示的几何限制。本例中共定义了两个几何限制，如图所示，均为生产制造约束。

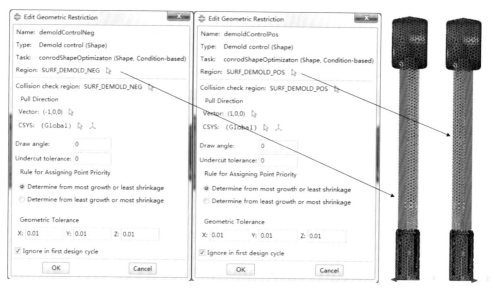

图4-27　几何限制定义

4.3.5　结果与讨论

优化参数设置完成后，切换到Job模块，在工具栏中点击打开Optimization Process面板，如图4-28所示，参数值保持默认值。

经过15个设计循环计算后得到最终的结果，点击Combine，将计算结果进行合并，然后点击Results，最终的优化结果如图4-29和图4-30所示。

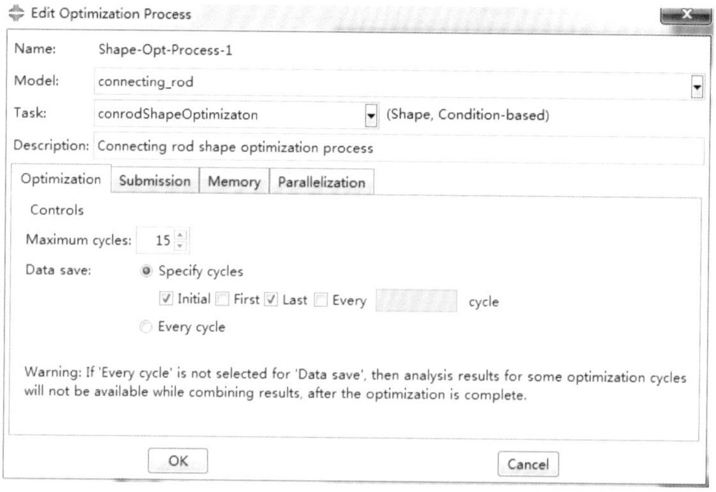

图4-29显示的是压工况下优化前和优化后的应力结果对比，从图中可以看到，连杆所受峰值应力值由138MPa降低到118MPa；图4-30显示的是拉工况下优化前和优化后的应力结果对比，从图中可以看到，连杆

图4-28　建立优化计算进程

所受峰值应力值由124MPa增加到125MPa。

从上述结果我们可以看到：通过形状优化计算后，在压工况中，连杆所受峰值应力有显著的降低，而在拉工况中，连杆所受峰值应力仅是轻微地增加了1MPa。因此，优化效果很明显。

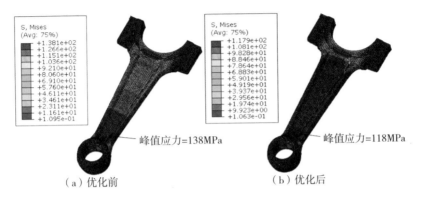

图4-29 压工况下优化前后结果对比

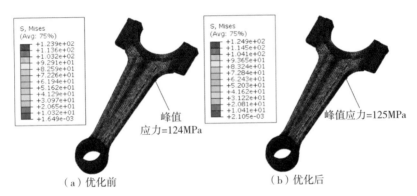

图4-30 拉工况下优化前后结果对比

4.4 本章小结

本章首先简要介绍了结构优化的概念，然后以连杆为例，详细讲述了拓扑优化分析和形状优化分析的过程。

第5章

活塞热机耦合强度分析

活塞作为发动机的主要受热零件，经受周期性交变的机械负荷和热负荷的作用，常在高温、高速、高负荷以及冷却困难的情况下工作，因此容易产生故障。活塞组的设计直接影响着柴油机性能、使用可靠性及耐久性。因此，对活塞进行热负荷和机械负荷的模拟计算以评估其可靠性，对于发动机的开发是非常重要的。

计算内容

活塞热机耦合强度的仿真计算包括以下计算内容:

(1)温度场计算:通过热传递计算,得到活塞温度场的分布;

(2)应力场计算:通过静力学分析方法,得到活塞的应力场分布;

(3)高周疲劳计算:基于稳态应力场结果得到活塞的高周疲劳分布。

5.1.1　问题描述

活塞是发动机的关键零部件之一,活塞工作的可靠性、耐久性直接关系到发动机的整体性能。活塞工作过程中不仅要承受顶部燃气产生的热负荷,还要承受爆发压力、往复惯性力、侧向力和摩擦力等机械负荷。因此,活塞在工作中的应力应变分析变得复杂。

其中,气体力和惯性力导致活塞承受反复的拉压作用,易对活塞造成疲劳损坏。活塞受高温燃气的周期性加热作用,燃气的最高瞬时温度一般都高达1600~1800℃,燃气平均温度也高达600~800℃。随着内燃机平均有效压力和活塞平均速度的提高,就伴随着燃气最高温度和平均温度相应升高。高温燃气与活塞顶面通过对流和辐射两种方式进行热量传递,从而使活塞组的热负荷显著提高。

评定活塞热状态首先是活塞顶的最高温度,随着气缸直径增大则最高温度也会更高,再加上大缸径活塞其壁厚较厚,则内外壁面的温差较大,从而产生的热应力也较大。

内燃机的活塞,只从机械强度方面来衡量往往是不够的,还必须保证活塞适当的热状态。在高温条件下,材料的抗弹性变形和抗塑性变形的能力也随之下降,还会出现高温蠕变,甚至会在局部区域(如燃烧室喉口尖角处、火焰冲击区域)出现热点。局部温度更高就会产生塑性变形、热裂甚至烧损。由于活塞顶部温差较大会产生很高的热应力,从而使活塞出现热疲劳裂纹损坏。

评定活塞热状态除了活塞顶的最高温度和热应力外，第一道环槽温度也很重要。第一道环槽温度过高不仅使环槽部分材料强度降低，加速环槽磨损，影响气环的密封性，更重要的是环槽温度过高使环带处滑油结胶、结炭，致使活塞环卡死在环槽中，引起窜气和漏油。由于密封恶化，炙热的燃气窜过活塞环，使活塞的温度进一步提高，同时输出功率下降，严重时引起活塞环折断和拉缸事故。一般认为第一道环槽温度在200℃以下长期使用不会发生结胶、积炭，但温度超过200℃，那么每超过10℃积炭增加1倍，若超过240~250℃就会严重结炭甚至活塞环卡死，当然这还与滑油品质和使用条件密切相关。

活塞的有限元强度分析不仅对活塞的可靠性进行定量分析，还可以为活塞的优化设计提供依据，并指导设计思路和改进方向。

本章节从工程实际出发，以某型发动机活塞为例，计算了活塞在典型工况下的应力分布，并基于应力场结果进行了高周疲劳的计算，包括网格划分、材料定义、约束和载荷定义、疲劳计算和结果分析等，详细阐述了活塞热机耦合强度分析的过程。

5.1.2 计算流程

活塞热机耦合强度的有限元分析流程如图5-1所示。

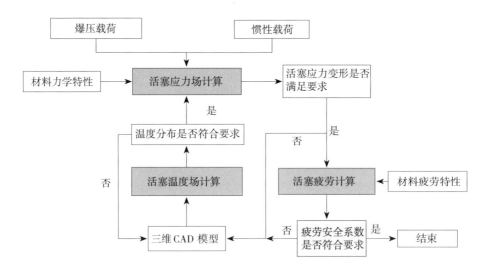

图5-1 活塞强度计算流程

5.1.3　评价指标

发动机活塞热机耦合强度分析需要重点考察的内容包括：温度分布结果、变形结果、应力结果、热机疲劳结果等几个方面。

指标内容：

（1）温度场评估：活塞顶部温度以及活塞第一环槽温度是否满足要求；

（2）变形评估：活塞各关键部位的变形量是否满足要求；

（3）应力评估：活塞各关键部位的当量应力是否在材料安全极限以内；

（4）高周疲劳安全系数：活塞各关键部位的疲劳安全系数是否满足要求。

热仿真分析过程

5.2.1　热分析概述

温度在一个区域（物体）内的分布规律以及该区域内任一点处的温度随时间的变化规律，就是温度场。而热分析的目的便是得到结构体的温度分布情况。

温度场分为稳态温度场和瞬态温度场。一个区域内的温度分布不随时间变化的，叫稳态温度场，此时温度T只是位置函数，即：

$$T=T\,(x, y, z)$$

一个区域内的温度分布随时间变化的，叫瞬态温度场，此时温度T不仅是位置的函数，而且还是时间的函数，即：

$$T=T\,(x, y, z, t)$$

为了形象地描述温度场的分布状态，与地形图中的等高线、重力场中的等势面一样，采用等温面来描述温度场。在等温面中，温差最大的方向，也就是传热最快的方向，或者说热流量最大的方向，这个方向与等温面垂直的方向，用温度梯度来描述。传热包括导热、对流和热辐射。其中，导热只需要给定材料的导热系数即可，对流换热则采用牛顿公式来描述，即：

$$Q_c = h\ (T_e - T_s)$$

式中　Q_c——对流热流强度；

h——表面对流换热系数；

T_e——流体近壁面温度；

T_s——固定表面温度。

在活塞的热分析中一般不考虑辐射换热。边界条件描述的是温度场在边界上的状况，由温度场连续性条件方程得出的一般有三类边界条件。本示例采用第三类热边界条件，即给定表面对流换热系数和流体近壁面温度。

5.2.2　模型描述

活塞仿真计算模型包含了活塞、衬套、活塞销和连杆，如图5-2所示（二分之一模型显示）。

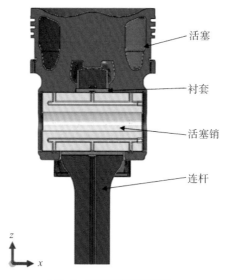

图5-2　活塞仿真计算模型

5.2.3　网格划分

网格划分是有限元分析中很重要的步骤之一，好的网格质量有助于提高计算效率。

建议采用通用的前处理软件ANSA或者HYPERMESH来完成，以得到高质量的网格，网格划分完成后导出INP格式文件，然后导入ABAQUS软件中做进行进一步的设置。

因活塞结构复杂，因此采用二阶四面体单元DC3D10进行网格划分。为确保计算结果准确可靠，在关键区域进行适当的网格加密处理，如图5-3所示。

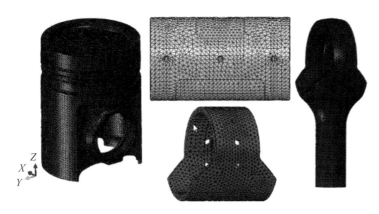

图5-3　活塞分析网格模型

5.2.4　定义分析步

将ABAQUS/CAE工作环境切换到Step模块，应用菜单Step-Create或者在工具区中找到创建分析步的快捷图标，调出图5-4所示的创建分析步对话框，除了默认的初始分析步，还需建立1个分析步。

注：分析步的设置保持默认，采用稳态的热传递分析方法。

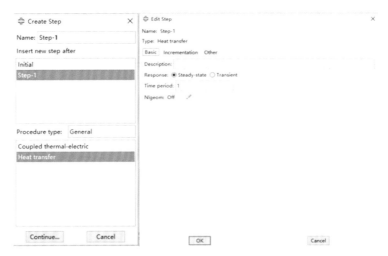

图5-4　创建分析步

5.2.5　定义材料

　　将ABAQUS/CAE工作环境切换到Property模块，应用菜单Material-Create或者在工具区中找到创建材料的快捷图标，调出图5-5所示的创建材料的对话框。按表5-1给出的参数定义。

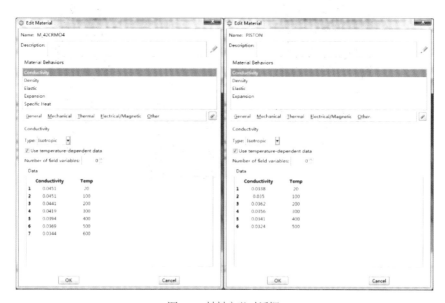

图5-5　材料定义对话框

　　在热传递计算中，除了定义弹性模量、泊松比和密度外，还需要定义热导率和比热容，材料的参数应尽量详细地给出，特别是随温度变化的数值。

表5-1　材料参数

材料名称	活塞	活塞销	连杆	衬套
	QT500	15CrNi6	42CrMo4	Steel
弹性模量/（N/mm^2）	168000	210000	210000	210000
泊松比	0.28	0.3	0.3	0.3
密度/（ton/mm^3）	$7.85 \times e^{-9}$	$7.85 \times e^{-9}$	$7.85 \times e^{-9}$	$7.85 \times e^{-9}$

　　注：本书示例一律采用N-mm-s的单位制。材料定义既可以在前处理软件中完成，也可以在ABAQUS软件当中完成，区别在于：在前处理软件当中完成，则可以整体导入到ABAQUS软件，整个模型被识别成1个part和多个set；而如果想在ABAQUS当中完成材料的定义，则建议单个零件分别导入，否则在材料定义时不方便，在ABAQUS中定义材料的优势在于可以调用材料库Material Library。本示例是在

ABAQUS软件当中完成材料定义的。

定义好材料后，需要定义截面属性，即Section，点击Create Section图标，如图5-6所示，选择Category为Solid，Type为Homogeneous，并在Material中选择创建好的材料。图中所示为衬套截面属性的创建，其余的用一样的方法来创建，创建完成情况如图5-7所示。

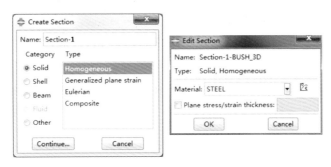

图5-6 Section定义

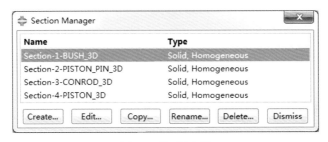

图5-7 截面管理器

创建好Section后，需要将Section属性赋给几何。点击Assign Section图标，弹出选择Region的对话框，此时可在图形框中选择Region，也可以通过右下方的Set按钮来选择实体，如图5-8所示。

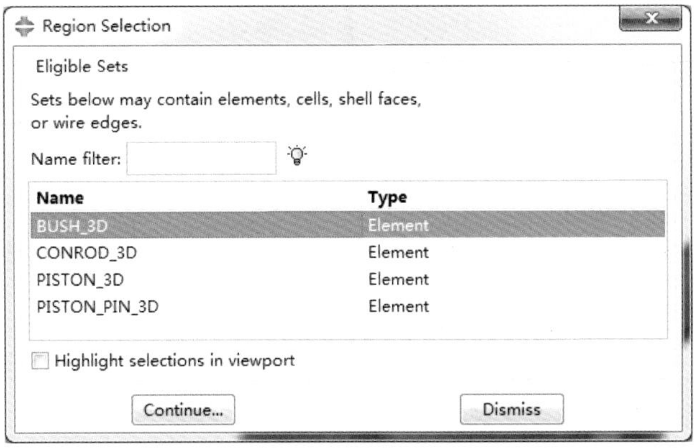

图5-8 Region选择

在接下来弹出的对话框中，如图5-9所示，选择上一步定义好的Section-1，赋予给定义好的实体BUSH-3D。

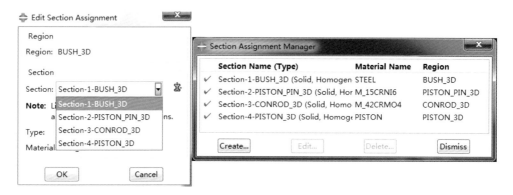

图5-9　Assign　Section定义

5.2.6　定义接触

接触定义包含3个方面的工作，首先是需要定义相关的接触面，其次是定义接触属性，最后是完成接触对的定义。

（1）创建接触面

将ABAQUS/CAE工作环境切换到Interaction模块，然后在顶部菜单栏中依次选择Tools-Surface-Create，弹出图5-10所示对话框，在Type中选择Mesh，也即是基于网格来创建接触面。

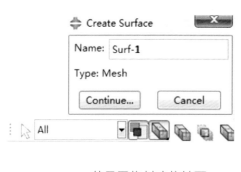

基于网格创建接触面

图5-10　接触面定义

图5-11　表层网格

注：按图5-11所示，选择选项切换成表层网格。在定义接触面的过程中，ABAQUS默认有2种方法，一种是by angle，也就是基于角度选择，另一种是individually，也就是单个选择。一般来说，在默认鼠标设置情况下，先使用by angle，按住shift键选择，然后再切换成individually，按住ctrl键，去除多选的网格。

根据计算模型的需要，分别创建用于接触对定义的接触面，本示例中定义了24个面。其中：PISTON_TOP_MAP为热边界映射面，BUSH_PISTONPIN、BUSH_CONROD、CONROD_BUSH、PISTON_PISTONPIN、PISTONPIN_BUSH和PISTONPIN_PISTON为接触面，其余为热边界的加载面。

（2）创建接触属性

在顶部菜单栏中依次选择Interaction-Property-Create或者在工具箱中找到创建接触属性的快捷图标，弹出图5-12所示对话框，分别定义切向属性、法向属性和导热属性。

本示例按照模型需要，定义1个接触属性，名称保持为默认的INTPROP-1。其中：切向摩擦算法定义为罚函数，即Penalty，摩擦系数设置为0.15；法向属性定义为硬接触，并允许接触分离；热传导属性按默认的表格给定，即间隙为0时导热，不为0时不导热。

图5-12　接触属性定义

（3）创建接触对

在顶部菜单栏中依次选择Interaction-Create或者在工具箱中找到创建接触对的快捷图标，创建如图5-13所示的接触对，包括：衬套和连杆

（INTPROP-1-1）、衬套和活塞销（INTPROP-1-2）、活塞和活塞销（INTPROP-1-3）。

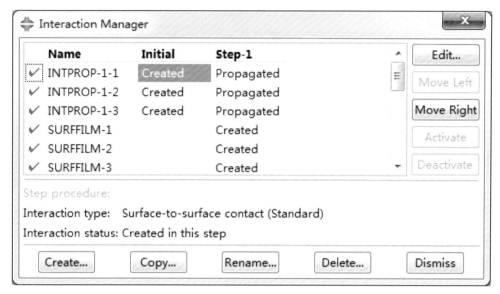

图5-13　接触对定义

以接触对INTPROP-1-1为例，讲述接触对设定中需要注意的问题。

首先是主从面的选择。ABAQUS中的接触对由主面（master surface）和从面（slave surface）构成。在模拟过程中，接触方向总是主面的法线方向，从面上的节点不会穿越主面，但主面上的节点可以穿越从面。定义主面和从面时需要注意：若两个面都为柔性面，则一般选择网格较粗的面为主面；若其中一个面为刚性面，则刚性面需要定义为主面。

其次是接触滑移公式的选择。ABAQUS中默认为有限滑移（finite sliding），即两个接触面之间可以有任意的相对滑动，在分析过程中，需要不断地判定从面节点和主面的哪一部分发生接触，因此计算代价较大。本书中不作特别说明的情况下一律选择小滑移（small sliding）来进行计算，对于小滑移的接触对，ABAQUS在分析的开始就确定了从面节点和主面的哪一部分发生接触，在整个分析过程中这种接触关系不会再发生变化，因此计算代价更小。

具体的设置如图5-14所示。

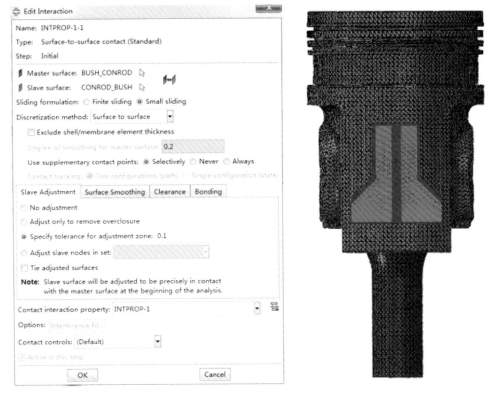

图5-14 接触对参数设置

5.2.7 定义热边界

活塞侧面和气缸壁之间以及活塞环槽处的间隙小，燃气很少，所以对流换热系数较小。第一道环槽以上的部分接触燃气比较多，所以温度较高，以下的部分温度较低。活塞与缸套之间隔着活塞环、机油油膜和气体，热传递过程采用多层平壁传热模型，并按第三类边界条件处理。活塞环区域散热时，热量先经过油膜或燃气，然后经过活塞环、油膜、气缸套，最后被冷却水带走。由于活塞环对高温燃气的节流作用，环槽上下表面和底面的换热情况是不相同的。在裙部的散热情况相对简单，热量从裙部传递给油膜，再到气缸套和冷却水。活塞裙部内腔和曲轴箱油雾之间进行换热散失的热量以及被气缸壁油膜带走的热量占总热量的比例较小。

发动机在工作过程中不断将燃料燃烧释放的热能转化为机械能的过程，在此过程中活塞直接与高温燃气接触，缸内燃气通过活塞顶面将热传给活塞头部，然后热量通过冷却油腔和活塞环将热量传给其他冷却介质。根据周期瞬态温度波动理论，活塞顶面的温度沿活塞顶法线方向迅速衰减，而这个温度的波动只发生在活塞顶面1~2mm的表层，不对活塞的温度场产生较大的影响，所以一般将活塞温度场近似地视为稳定的温度场。

求解活塞温度场时，活塞火力岸、活塞环区和裙部的换热系数比较难以确定，目前一般采用经验公式对这些区域进行确定。

热传递分析中，采用第三类热边界：即给定换热壁面换热系数和周围流体的温度。其中，冷却侧的热边界参考类似机型并按经验给定，燃气侧的热边界来源于缸内燃烧计算。通过STAR-CCM+软件将CFD软件得出的热边界结果映射到活塞的热分析模型上。映射结果如图5-15和图5-16所示。

其中：Mapped t为温度映射结果，单位为℃，Mapped htc为换热系数的映射结果，单位为W/（mm²·K）。

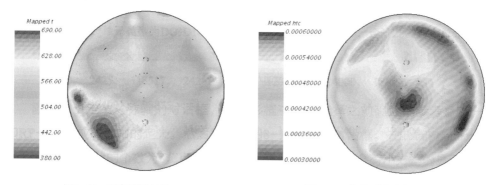

图5-15　温度映射结果　　　　　　　　图5-16　换热系数映射结果

活塞其他表面的温度和换热系数分布按经验给定，如图5-17和图5-18所示。

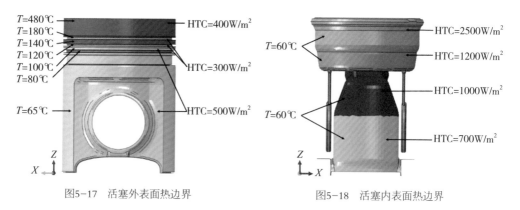

图5-17　活塞外表面热边界　　　　　　图5-18　活塞内表面热边界

在ABAQUS软件中，切换到Interaction模块，并点击Create Interaction，在弹出的窗口中定义Interaction的名字，将Step切换到Step-1，类型选择为Surface film condition，点击Continue，然后选择定义好的Surface，输入Film coefficient amplitude值和Sink temperature值，也即换热系数和温度的数值。

注：需要注意换热系数的单位。具体过程如图5-19、图5-20所示。

图5-19　热边界定义（1）　　　　　　　　图5-20　热边界定义（2）

5.2.8　求解控制

将ABAQUS/CAE工作环境切换到Job模块，应用菜单Job-Create，创建如图5-21所示的作业任务，并可切换到Parallelization选项定义并行计算。

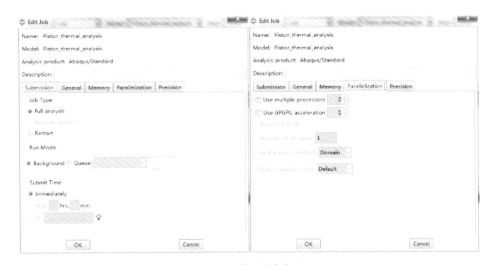

图5-21　作业任务定义

注：因活塞顶部热边界为映射结果，在CAE界面中并未定义。因此，不能在ABAQUS软件中直接递交计算，而是先点击Write Input按钮，写出inp文件进行修改，如图5-22所示。在写出的inp文件中的OUTPUT REQUESTS之前添加*include, input=piston_mapped.inp。

其中，piston_mapped.inp为活塞顶部温度和换热系数映射完成的文件。

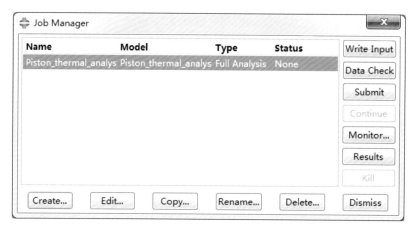

图5-22　写出inp文件

5.3　结构仿真分析过程

5.3.1　模型描述

活塞结构仿真计算模型和热仿真计算模型一致，包含了活塞、衬套、活塞销和连杆。

5.3.2　网格划分

因活塞结构复杂，因此采用二阶四面体修正单元C3D10M进行网格划分。本示例中只需将热分析的网格模型中的单元类型更改即可。即由原来的DC3D10更改为C3D10M。

在ABAQUS中操作步骤为：切换到Mesh模块，并找到Assign Element Type图标，打开定义单元类型的窗口，如图5-23所示。在Family中选择3D Stress，即三维应力单元；在Geometric Order中选择Quadratic，即二阶单元；在Tet选项中勾选Modified formulation，即修正单元。

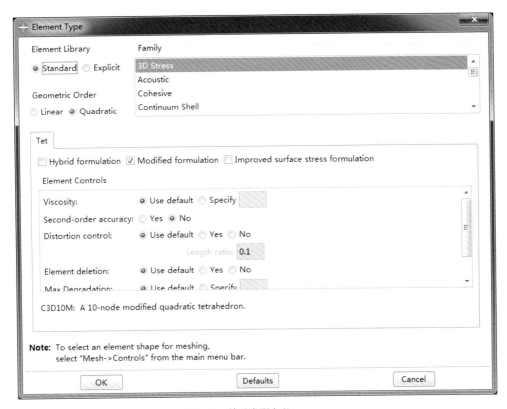

图5-23 单元类型定义

5.3.3 定义分析步

将ABAQUS/CAE工作环境切换到Step模块，应用菜单Step-Create或者在工具区中找到创建分析步的快捷图标，调出图5-24所示的创建分析步对话框，除了默认的初始分析步，

图5-24 分析步定义

还需建立3个分析步。

应力场整个计算过程分为3个工况：第1个工况为加载热载荷，第2个工况为加载惯性载荷，第3个工况加载燃气载荷。将各载荷工况汇总如表5-2所示，表中"+"号代表该工况中施加该项载荷。

表5-2 载荷工况

工况序号	载荷		
	热载荷	惯性载荷	燃气载荷
1	+		
2		+	
3			+

5.3.4 定义载荷

应力场载荷主要包括惯性载荷、燃气压力载荷和热载荷。

（1）惯性载荷

有限元分析中，活塞组件所受惯性载荷以加速度的形式来加载。加速度按下式来进行计算。

$$\alpha = -rw^2 \left(\cos\alpha + \lambda\cos2\alpha \right)$$

计算对应的转速为连续超速转速900rpm，角度为0°，计算得到加速度值为2280m/s^2。

在ABAQUS软件中，切换到Load模块，点击Create Load图标，载荷名称保持默认，Step选择为Inertia，载荷类型选择为Gravity，点击Continue。在弹出的窗口中定义加载的Region，选择模型中所有的单元，并定义该Set名称为all，并在Z轴方向输入加速度的数值2.28e6，完成惯性载荷的定义。整个过程如图5-25所示。

注：需要注意加速度的单位。

（2）燃气压力载荷

燃气爆发压力取值为200bar，也即是20MPa。加载到活塞顶面。点击Create Load图标，载荷名称保持默认，Step选择为Gas，载荷类型选择为Pressure，点击Continue。在弹出的窗口中定义加载的Region，选择定义好的surface名称，并在Magnitude输入框中输入压力的数值20，完成压力载荷的定义。整个过程如图5-26所示。

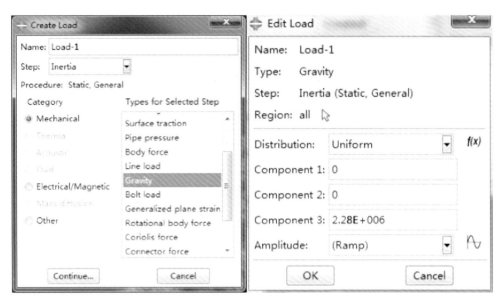

图5-25 惯性载荷加载

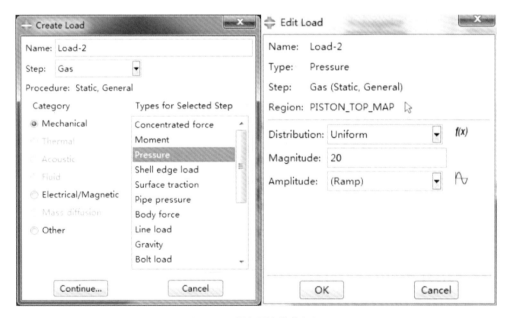

图5-26 燃气压力载荷定义

需要注意的是：假设燃气峰值压力值为P，则活塞火力岸和环槽的加载如图5-27所示加载。

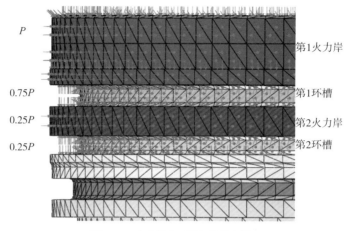

P

第1火力岸

0.75P 第1环槽

0.25P 第2火力岸

0.25P 第2环槽

图5-27 火力岸和环槽加载示意图

（3）热载荷

热载荷由温度场计算得到。热载荷的加载属于预定义场的加载，在Load模块工具栏图标中找到Create Predefined Field的图标，然后，在弹出的窗口中选择Other-Temperature，即给整个模型给定初始温度，一般可以给定为20℃。如图5-28所示。

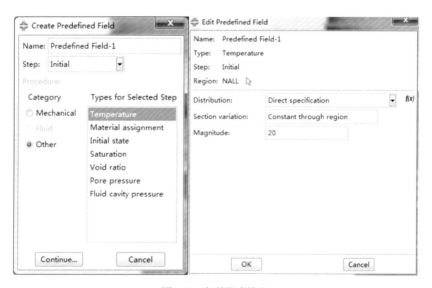

图5-28 初始温度设定

然后重新点击Create Predefined Field图标，在弹出窗口中将Step更改为thermal，点击Continue，然后将Distribution更改为From results or output database file，在File name中打开温度场的计算结果文件，在Begin step中输入1，其余保持默认即可，完成热载荷的定义。如图5-29所示。

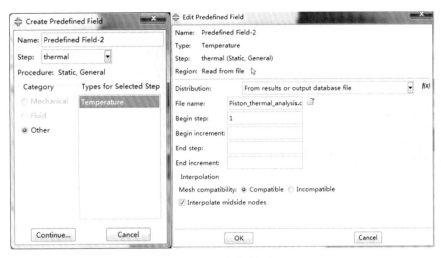

图5-29　温度载荷设定

5.3.5　定义约束

通过菜单栏中BC-Create，或者通过工具栏Create Boundary Condition来定义约束。约束名称保持默认，约束类型选择为Displacement/Rotation，选择连杆端面的所有节点，并定义Set名字为Fixed，约束所有的自由度，然后点击OK。如图5-30所示。约束加载情况如图5-31所示，约束连杆底面全部自由度。

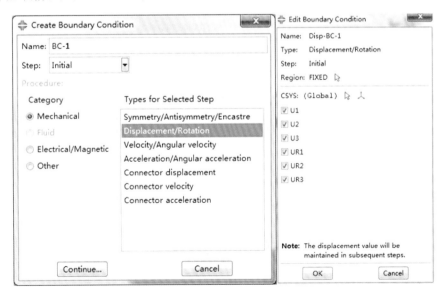

图5-30　约束定义

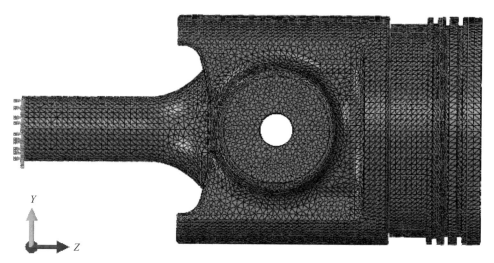

图5-31　约束加载示意图

5.3.6　求解控制

将ABAQUS/CAE工作环境切换到Job模块，应用菜单Job-Create创建如图5-32所示的作业任务。

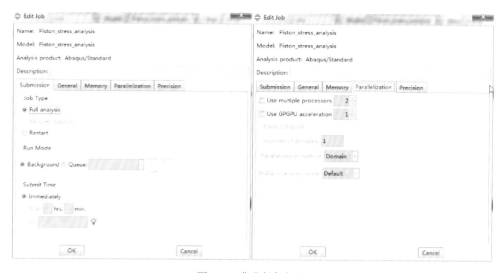

图5-32　作业任务定义

结果分析

5.4.1 温度场结果

活塞温度场计算结果如图5-33所示。从图中可以看到：活塞顶燃烧室喉口区域和活塞顶边缘区域温度较高。喉口区域最高温度值为328℃，边缘区域最高温度值为331.44℃。活塞顶温度梯度也较大，环区因壁厚最薄，再加有冷却油的作用，温度在200℃左右。

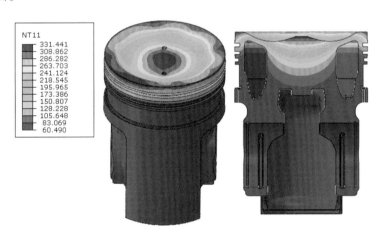

图5-33 活塞温度场计算结果

5.4.2 变形结果

活塞在不同工况下的变形结果如图5-34~图5-36所示。从图中可以看出：在热载荷作用下，活塞产生因热膨胀产生形变，顶部变形最大。因惯性力方向朝上，因此在惯性载荷的作用下，顶部变形加大。而燃气压力方向朝下，因此在燃气压力载荷的作用下，活塞顶部变形减小，活塞裙部变形增大。

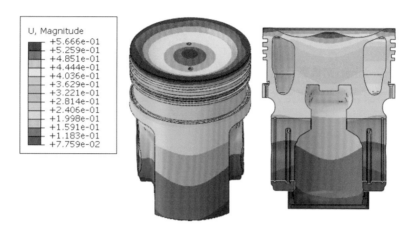

图5-34 工况1下活塞变形分布

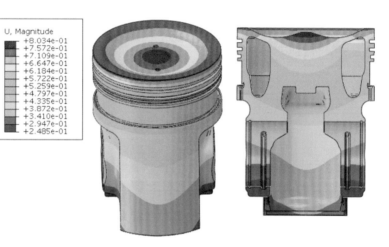

图5-35 工况2下活塞变形分布

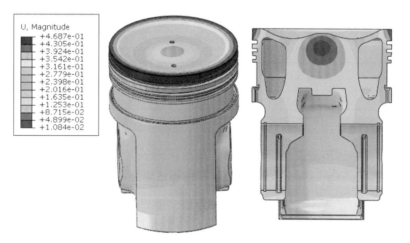

图5-36 工况3下活塞变形分布

5.4.3　应力结果

应力分析是评价活塞安全性的基本内容，局部应力集中会引起活塞的热裂，活塞受的应力比较复杂，因活塞材料为塑性材料，因此，以活塞所承受的等效应力作为评判的准则。

图5-37为工况1下活塞的应力场分布。从图中可以看到：该工况下活塞所承受的最大应力值为297.3MPa，发生在活塞顶部的环区。

图5-37　工况1下活塞应力场的分布

图5-38为工况2下活塞的应力场分布。从图中可以看到：该工况下活塞所承受的最大应力值为302.7MPa，发生在活塞顶部的环区。与工况1相比较，活塞顶部分布基本一致，说明顶部主要是热载荷影响；活塞裙部的应力值有明显增大，最大值从43MPa增加到165MPa。

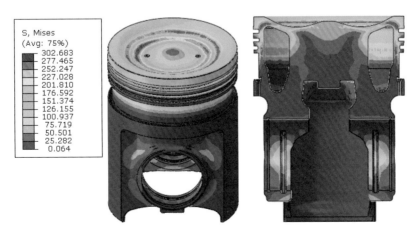

图5-38　工况2下活塞应力场的分布

图5-39为工况3下活塞的应力场分布。从图中可以看到：该工况下活塞所承受的最大应力值为408.5MPa，发生在活塞环的第二环槽处。与工况1相比较，活塞顶部分布基本一致，说明顶部主要是热载荷影响。

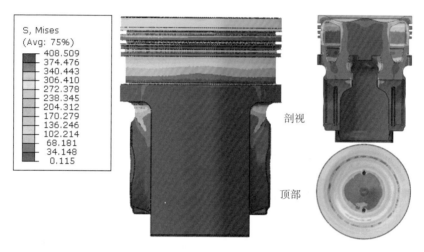

图5-39　工况3下活塞应力场的分布

疲劳分析

为了预测活塞在工作状态下的耐久性，对活塞进行了高周疲劳寿命分析。基于应力计算结果，采用FEMFAT软件进行疲劳仿真计算。活塞疲劳分析采用高周疲劳（$S-N$）分析方法。

5.5.1　工况选择

打开Femfat软件，选择TransMax模块，然后导入ABAQUS计算结果文件。在Time Steps中将Number of Time Steps数量更改为1。然后将File Format更改为ODB

ABAQUS，Stress File选择为应力计算结果文件，即Piston_stress_analysis。将Load Case设定为从Step1到Step3，具体操作过程如图5-40和图5-41所示。

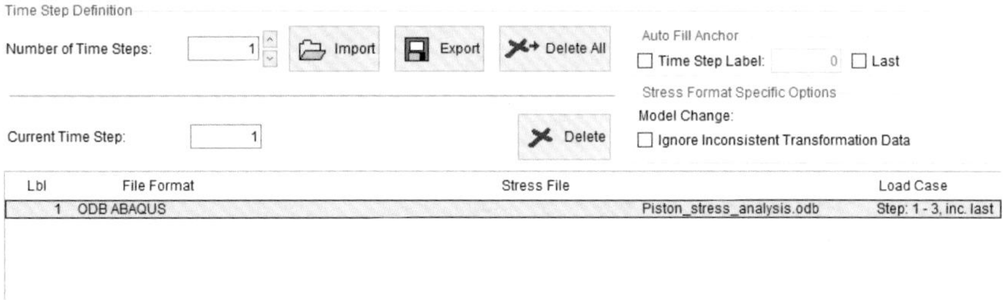

图5-40　应力结果文件定义

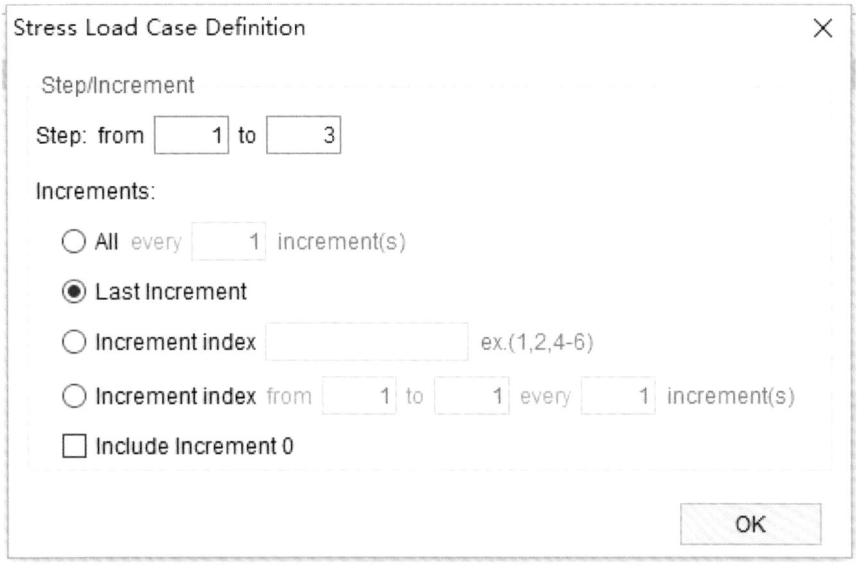

图5-41　工况选择

5.5.2　安全系数说明

给定的材料数据对不同大小、表面粗糙度和置信度的试验零件都是有用的，因此必须根据影响因子来改进连杆系各零件的设计。影响因子的定义是相对材料特性，为取得零件有限寿命所要求的动态安全因子。零件计算的最小安全系数必须大于（或等于）所要求的安全系数。

影响因子包括零件的存活率、耗散因子、影响尺寸以及表面粗糙度等。零件的存活率一般由其功用决定，耗散因子由材料决定，特殊尺寸影响由零件危险截面决定，表面粗糙度由制造工艺决定。

对本例活塞分析，零件的存活率取99.99%，材料为球铁，耗散因子取1.4。活塞为铸造加工，粗糙度设置为R_z=140。如图5-42所示。

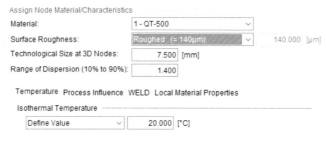

图5-42　安全系数相关参数设定

5.5.3　材料定义

应力疲劳分析的基础是S-N曲线，又称为wholer曲线。S-N曲线用作用应力S与到结构破坏时的寿命N之间的关系描述，反应材料的疲劳性能。

在Femfat软件中，可以导入材料参数，也可以在软件界面中创建材料参数。在创建材料参数时，只需要选择对应的材料类型，输入已知的材料参数，然后按键盘中的Enter键即可。图5-43所示为活塞材料的材料参数、S-N曲线和赫氏图。

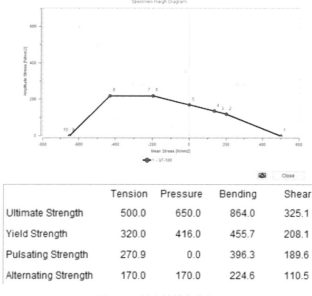

	Tension	Pressure	Bending	Shear
Ultimate Strength	500.0	650.0	864.0	325.1
Yield Strength	320.0	416.0	455.7	208.1
Pulsating Strength	270.9	0.0	396.3	189.6
Alternating Strength	170.0	170.0	224.6	110.5

图5-43　活塞材料参数定义

5.5.4 求解参数设置

求解参数设置包括疲劳安全系数的计算方法、应力数据的选择、置信度的定义和影响因子的选择等。

针对活塞的计算，采用R=const的方法（即认为应力比保持不变），应力数据自动选择，置信度设置为99.99%，考虑表面粗糙度、特征尺寸等的影响。具体设置如图5-44和图5-45所示。

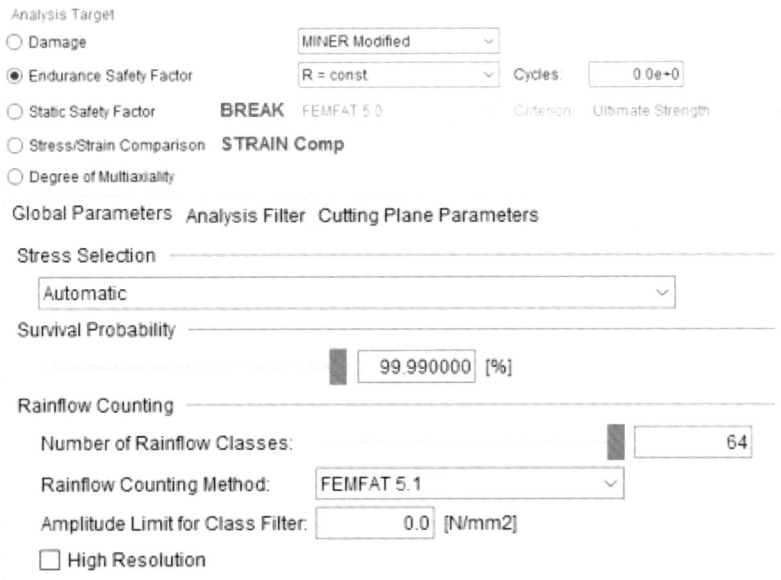

图5-44 求解参数设置

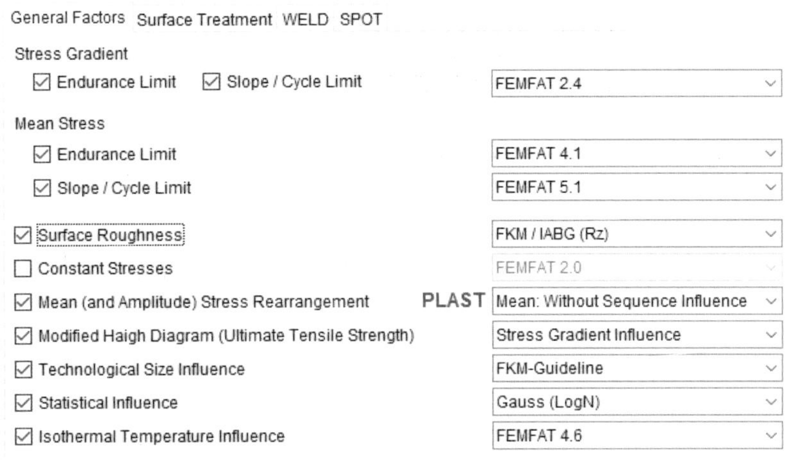

图5-45 影响因子设置

5.5.5 结果评价

在Output中定义输出odb格式的疲劳分析结果文件。计算完成后导入到ABAQUS软件中进行后处理。

如图5-46所示，进入Coutour Plot Options选项，将云图显示进行相关的设置，以便于结果分析。

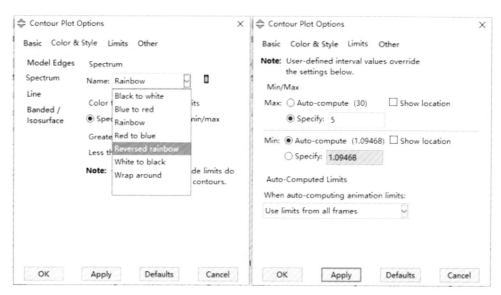

图5-46 云图显示设置

图5-47和图5-48为高周疲劳计算结果，从图中可以看到，最小安全系数为1.1，满足要求。

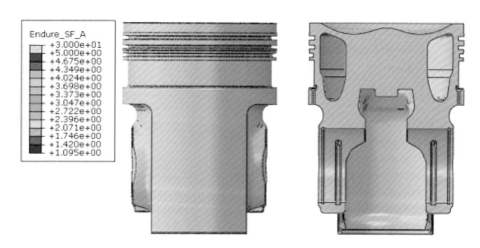

图5-47 活塞高周疲劳计算结果

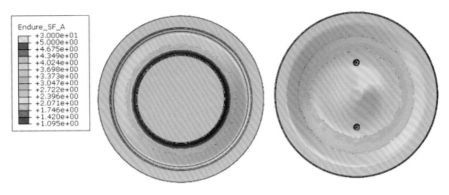

图5-48　活塞高周疲劳计算结果

5.6

INP文件解释

下面是节选的输入文件Piston_thermal_analysis.inp，并对关键字加以解释。

**文件抬头说明

*Heading

** Job name: Piston_thermal_analysis Model name: Piston_thermal_analysis

** Generated by: ABAQUS/CAE 6.15-2

*Preprint，echo=NO，model=NO，history=NO，contact=NO

**定义PART

** PARTS

**

*Part，name=PART-1

**节点坐标定义

*Node

　　1，126.5，1.27215571e-09，-258.925995

　　2，119.166664，0.，-258.925995

....

378081，-36.8256226，5.87486935，-462.791077

**单元定义，单元类型为DC3D10

*Element，type=DC3D10

93943，64538，10959，10960，10972，155358，124572，155359，155360，124585，124575

**单元集合定义

*Elset，elset=BUSH_3D，generate

322368，332520，　1

....

**截面属性定义

** Section: Section-5-PISTON_3D

*Solid Section，elset=PISTON_3D，material=PISTON

，

....

**完成Part的定义

*End Part

**

**

**装配体定义

** ASSEMBLY

**

*Assembly，name=Assembly

**

*Instance，name=PART-1-1，part=PART-1

*End Instance

**节点组定义

*Nset，nset=FIXED，instance=PART-1-1

....

**材料属性定义

** MATERIALS

**

```
** ********************************
** Mat for conrod
**定义材料名称为42CRMO4
*Material，name= 42CRMO4
**定义不同温度下对应的导热系数
*Conductivity
 0.0451，20.
 0.0451，100.
 0.0441，200.
 0.0419，300.
 0.0394，400.
 0.0369，500.
 0.0344，600.
**定义密度值为7.83e−09
*Density
 7.83e−09，
**定义不同温度下的弹性模量和泊松比
*Elastic
210000.，　0.3，　20.
207000.，　0.3，100.
199000.，　0.3，200.
192000.，　0.3，300.
184000.，　0.3，400.
175000.，　0.3，500.
164000.，　0.3，600.
**定义不同温度下的线膨胀系数
*Expansion，zero=20.
 1.15e−05，20.
 1.21e−05，100.
 1.27e−05，200.
 1.32e−05，300.
 1.36e−05，400.
```

1.4e-05，500.

1.44e-05，600.

**定义不同温度下的比热容

*Specific Heat

461000.， 20.

479000.，100.

499000.，200.

517000.，300.

536000.，400.

558000.，500.

587000.，600.

....

**定义接触属性

** INTERACTION PROPERTIES

**

*Surface Interaction，name=INTPROP-1

1.，

*Friction，slip tolerance=0.005

0.15，

*Surface Behavior，pressure-overclosure=HARD

*Gap Conductance

1.，0.

0.，1.

** 定义约束边界，将FIXED节点组所有自由度都约束住

** BOUNDARY CONDITIONS

**

** Name: Disp-BC-1 Type: Displacement/Rotation

*Boundary

FIXED，1，1

** Name: Disp-BC-2 Type: Displacement/Rotation

*Boundary

FIXED，2，2

** Name: Disp-BC-3 Type: Displacement/Rotation

*Boundary

FIXED，3，3

** Name: Disp-BC-4 Type: Displacement/Rotation

*Boundary

FIXED，4，4

** Name: Disp-BC-5 Type: Displacement/Rotation

*Boundary

FIXED，5，5

** Name: Disp-BC-6 Type: Displacement/Rotation

*Boundary

FIXED，6，6

**定义预定义温度场，设置初始温度为20℃

** PREDEFINED FIELDS

**

** Name: Field-1 Type: Temperature

*Initial Conditions，type=TEMPERATURE

NALL，20.

**定义接触对，接触属性为INTPROP-1，小滑移，接触类型为面对面，调整容差为0.1

** INTERACTIONS

**

** Interaction: INTPROP-1-1

*Contact Pair，interaction=INTPROP-1，small sliding，type=SURFACE TO SURFACE，
adjust=0.1

CONROD_BUSH，BUSH_CONROD

....

**定义分析步，分析类型为热传递分析

** STEP: Step-1

**

*Step，name=Step-1，nlgeom=NO

*Heat Transfer，steady state，deltmx=0.

1.，1.，1e-05，1.，

** 定义对流换热边界条件

** INTERACTIONS

**

** Interaction: SURFFILM-1

**定义表面FIREBANK壁面温度为480℃，换热系数为0.0004

*Sfilm

FIREBANK，F，480.，0.0004

···················

下面是节选的输入文件Piston_stress_analysis.inp，并对关键字加以解释

** 定义分析步Inertia

** STEP: Inertia

** 定义稳态静力学分析

*Step，name=Inertia，nlgeom=NO

*Static

1.，1.，1e-05，1.

** 定义载荷

** LOADS

** 定义惯性力

** Name: Load-1   Type: Gravity

*Dload

all，GRAV，2.28e+06，0.，0.，1.

** 输出控制

** OUTPUT REQUESTS

**

*Restart，write，frequency=0

**

** FIELD OUTPUT: F-Output-1

**

*Output，field，variable=PRESELECT，frequency=99999

**

** HISTORY OUTPUT: H-Output-1

**

```
*Output，history，variable=PRESELECT，frequency=99999
*End Step
** --------------------------------------------------
** 定义分析步Gas，加载燃气压力
** STEP: Gas
**
*Step，name=Gas，nlgeom=NO
*Static
1.，1.，1e-05，1.
**
** LOADS
**
** Name: Load-2  Type: Pressure
*Dsload
PISTON_TOP_MAP，P，20.
```
....

5.7 本章小结

本章详细阐述了活塞强度有限元分析过程。从热仿真分析过程，到结构仿真分析过程，最后到高周疲劳计算过程，都进行了详细的描述。

对以下评价指标进行了相应的评估。

（1）温度场评估：活塞顶部温度以及活塞第一环槽温度是否满足要求；

（2）变形评估：活塞各关键部位的变形量是否满足要求；

（3）应力评估：活塞各关键部位的当量应力是否在材料安全极限以内；

（4）高周疲劳安全系数：活塞各关键部位的疲劳安全系数是否满足要求。

第6章

缸盖热机耦合强度分析

气缸盖用于密封气缸的顶部，与活塞顶和气缸内壁共同组成发动机的燃烧空间，在发动机工作过程中，缸盖承受着很大的热负荷，是发动机中工作条件最为恶劣的零部件之一。

计算内容

缸盖的有限元分析计算包括以下计算内容：

（1）温度场计算：通过热传递分析得到气缸盖和缸套的温度场分布，其中，冷却侧的热边界条件通过缸内水套CFD计算得到，燃气侧的热边界条件通过缸内燃烧计算得到；

（2）应力场计算：通过热机耦合的静力学分析方法，得到气缸盖和缸套的应力场分布；

（3）高周疲劳安全系数计算：基于应力场结果计算得到气缸盖和缸套的高周疲劳安全系数。

6.1.1　问题描述

缸盖是发动机中结构最复杂、机械负荷和热负荷最高的零件之一。它与活塞顶及气缸内壁共同组成燃烧空间，也是柴油机中工作环境最为恶劣的零件之一。气缸盖的结构形状十分复杂，承受着高温气体压力和螺栓的预紧力，负载很大。气缸盖各部分温度很不均匀，其底面燃烧室部分，一般称为火力面的温度很高而冷却水腔或散热片部分的温度很低，进气道和排气道的温度也不相同，因此，气缸盖的机械应力和热应力都很大。特别是由于高温和温度分布不均匀而产生的热应力的反复作用往往形成热疲劳裂纹。同时，如果气缸盖受热时引起的变形过大，会影响与气缸的接合面和气门座接合面的密封，加速气门座的磨损，产生气门杆"咬死"，甚至造成漏气、漏水和漏油等现象，使柴油机无法正常工作。因此缸盖的强度直接影响着柴油机的寿命。如何有效地解决缸盖的热负荷问题，提高柴油机受热零部件的可靠性和使用寿命已成为重要的研究课题。

有限元技术及相应发展起来的应用软件为科研工作人员提供了巨大的帮助。长期以来柴油机研究设计人员盼望在柴油机的设计过程中能预知所设计气缸盖的结构可靠性，或对气缸盖已发生的裂纹等故障有一个正确的分析结论。运用气缸盖三维有限元计算分析无疑是当前解决上述难题的最好方法。

目前，虽然有很多设计及工艺的经验和试验手段，但实验分析法需要投入较大的人力和财力，实验周期又比较长，尤其在进行一些耐久性实验时更是如此；尤其是对气缸盖这样的结构和受力状态都很复杂的部件来说，要取得结构性能方面的全面、详细、准确可靠的论证分析仍然是非常困难的工作。为满足现代柴油机的发展需要，必须对传统的"经验+试验"的设计方法进行改进，其中借助功能强大的计算机辅助工程技术，是非常有效的手段。CAE技术是利用计算机来模拟分析对象在各种工况下的温度、热流、热梯度和受力状况等，可以显示任何试验都无法看到的发生在结构内部的一些物理现象，可以替代一些危险、昂贵的甚至难以实施的试验，并且能在新产品的设计阶段就充分考虑和预测零件的各种强度参数，缩短新机型的开发周期，减少试验的昂贵投入，提高柴油机产品的市场竞争力。因此，采用CAE方法模拟柴油机零部件温度和强度研究，已越来越多地投入到实际应用中去。

缸盖的研究是一个多学科交叉的综合性的研究领域，其中涉及众多的力学问题，如缸盖受高温高压作用时的强度、缸盖在使用过程中的变形、气门在高温高压下的变形、冷却系统的流动与传热等。采用CAE分析技术，对缸盖冷却系统的流场进行数值仿真分析，可以获得翔实直观的热边界条件，不仅能在分析中便于对柴油机冷却系统进行优化设计，还可以为缸盖的热应力计算提供准确的边界条件，对柴油机缸盖的强度分析有着重要的作用和意义。

本章节从工程实际出发，以某型发动机缸盖为例，计算了气缸盖在典型工况下的应力分布情况，并基于应力场结果进行了高周疲劳的计算，包括网格划分、材料定义、约束和载荷定义、疲劳计算和结果分析等，详细阐述了气缸盖热机耦合强度分析的整个过程。

6.1.2　计算流程

气缸盖热机耦合强度的有限元分析流程如图6-1所示。

6.1.3　评价指标

缸盖有限元分析需要重点考察的内容包括：缸盖和缸套的温度分布、应力结果、缸套变形结果以及疲劳安全系数等几个方面。

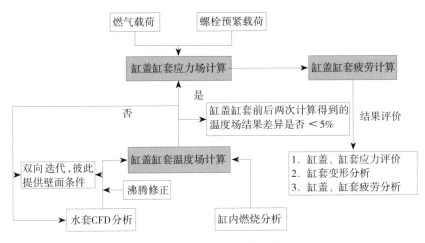

图6-1 气缸盖强度计算流程

指标内容：

（1）温度分布：主要考察缸盖火力面温度是否在材料的耐热温度之下，缸套与活塞环接触区域温度是否满足磨损和润滑要求；

（2）应力评估：缸盖和缸套各关键部位的当量应力是否在材料安全极限以内；

（3）缸套变形评估：缸套径向变形和轴向变形是否满足要求；

（4）疲劳安全系数：缸盖各关键部位的疲劳安全系数是否满足要求，评价指标为：在99.99%存活率下，全局模型安全系数不小于1.1，子模型安全系数不小于1.05；

（5）缸垫密封性评估：考察缸垫与缸盖接触面的接触压力，评价指标为：缸盖垫片处接触压力不小于20~30MPa。

6.2 热仿真分析过程

6.2.1 模型描述

本章节实例计算模型包含了缸盖、缸盖垫片、缸套、刮油环、机体、预燃室组件（包括3段）、预燃室垫片、预燃室紧固螺栓、缸盖螺栓、进气阀座圈和排气阀座圈，如图6-2所示。其中：预燃室通过两个紧固螺栓安装在缸盖上，缸盖通过4个紧固螺栓与机体联接。

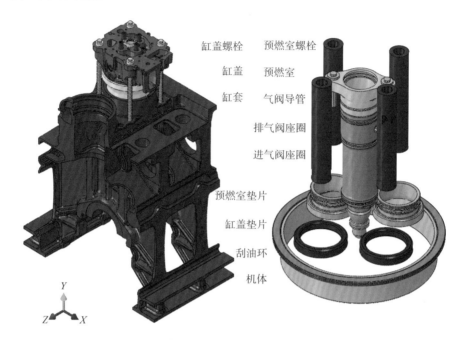

图6-2　缸盖仿真计算模型

6.2.2　网格划分

有限元分析计算主要包括3个步骤，即前处理、分析计算和后处理。而前处理是其中最主要的一个步骤，通常占据着有限元分析70%左右的时间。前处理主要指网格划分，就是将分析对象按照一定的尺寸和比例划分成连续、无断点的网格单元。网格划分质量的好坏直接影响计算的结果。网格划分采用ABAQUS软件中Mesh模块来完成，当然也可以借助专业的前处理软件来完成，如ANSA或者HYPERMESH。

为了控制计算模型，对多缸机，一般不会对整体模型进行计算，比如对常见的六缸机，常选择4，5，6缸或者1，2，6缸来进行计算，然后取中间缸的计算结果进行评估。当然，如果想继续缩减模型，也可以选择中间缸加两侧半缸进行计算。

因缸盖结构复杂，因此采用二阶四面体修正单元DC3D10进行网格划分。为确保计算结果准确可靠，在关键区域进行适当的网格加密处理，网格划分结果如图6-3所示。

注：①因缸盖计算总成模型很大，因此划分网格时需要严格控制网格数量，根据服务器硬件配置，一般单元数量不宜超过100万。②需要细化的区域包括火力面鼻梁区、进气道和排气道肋骨处、多个曲面或者圆角相交处和其他易形成应力集中的区域。③接触面尽量做到主从面节点——对应。④各孔至少保证周向8个单元，重要孔至少保证周向有10个单元。网格细化具体示例如图6-4所示。

图6-3 缸盖网格模型

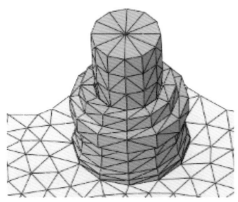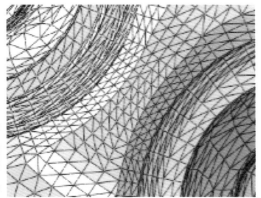

图6-4 网格细化区域示意图

6.2.3 定义分析步

将ABAQUS/CAE工作环境切换到Step模块，应用菜单Step-Create或者在工具区中找到创建分析步的快捷图标，调出图6-5所示的创建分析步对话框，除了默认的初始分析步，还需建立1个分析步。

注：分析步的设置保持默认，采用稳态的热传递分析方法。

另外，需定义计算输出，分别为场输出（Field Output）和历史输出（History Output），一般选择默认输出即可。

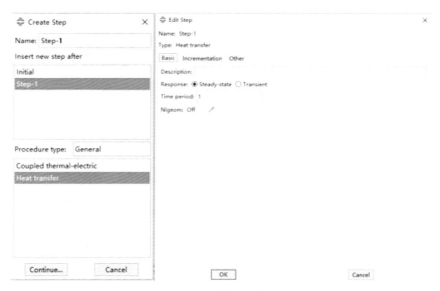

图6-5　创建分析步

6.2.4　定义材料

　　将ABAQUS/CAE工作环境切换到Property模块，应用菜单Material-Create或者在工具区中找到创建材料的快捷图标，调出图6-6所示的创建材料的对话框。按表6-1给出的参数定义。

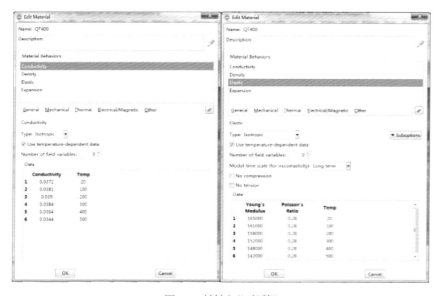

图6-6　材料定义对话框

在热传递计算中，除了定义弹性模量、泊松比和密度外，还需要定义热导率和比热容，材料的参数应尽量详细地给出，特别是随温度变化的数值。表6-1给出了机体和缸盖的材料属性，其他组件按材料牌号类似地输入材料参数。

表6-1　材料参数

机体: QT400				
温度T（℃）	弹性模量 E（N/mm^2）	热膨胀系数 $\alpha \times 10^{-6}$（1/K）	导热系数 λ（W/m·K）	泊松比 ν（－）
20	165000	12.4	37.2	0.28
100	161000	12.8	38.1	0.28
200	158000	13.0	39.0	0.28
300	152000	13.2	38.4	0.28
400	148000	13.4	36.4	0.28
500	142000	13.7	34.4	0.28
缸盖: QT450				
温度 T（℃）	弹性模量 E（N/mm^2）	热膨胀系数 $\alpha \times 10^{-6}$（1/K）	导热系数 λ（W/m·K）	泊松比 ν（－）
20	170000	10.5	34.9	0.28
100	161000	11.2	35.6	0.28
200	158000	11.8	35.7	0.28
300	154000	12.4	35.2	0.28
400	148000	12.9	34.4	0.28
500	140000	13.3	33.4	0.28

注：本书示例一律采用N-mm-s的单位制。材料定义既可以在前处理软件中完成，也可以在ABAQUS软件当中完成，区别在于：在前处理软件当中完成，则可以整体导入到ABAQUS软件，整个模型被识别成1个part和多个set；而如果想在ABAQUS当中完成材料的定义，则建议单个零件分别导入，否则在材料定义时不方便，在ABAQUS中定义材料的优势在于可以调用材料库Material Library。本示例是在前处理软件当中完成材料定义的。

定义完材料后，需要定义截面属性，即Section，点击Create Section图标，如图6-7所示，选择Category为Solid，Type为Homogeneous，并在Material中选择创建好的材料。图中所示为机体截面属性的创建，其余用一样的方法来创建，创建完成情况如图6-8所示。

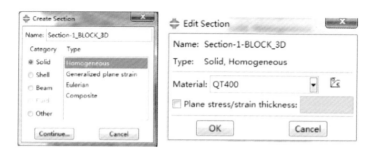

图6-7　机体截面属性创建

图6-8　截面管理器

创建好Section后，需要将Section属性赋给几何。点击Assign Section图标，弹出选择Region的对话框，此时可在图形框中选择Region，也可以通过右下方的Set按钮来选择实体，如图6-9所示。

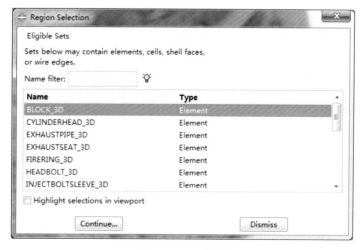

图6-9　Region选择

　　在接下来弹出的对话框中，选择上一步定义好的Section-1-BLOCK_3D，赋予给定义好的实体BLOCK-3D。如图6-10所示，按照同样的方法，完成属性的定义。

图6-10　Assign　Section定义

6.2.5　定义接触

　　接触定义包含3个方面的工作，首先是需要定义相关的接触面，其次是定义接触属性，最后是完成接触对的定义。

（1）创建接触面

　　将ABAQUS/CAE工作环境切换到Interaction模块，然后在顶部菜单栏中依次选择Tools-Surface-Create，弹出图6-11所示对话框，在Type中选择Mesh，输入需要表明的名称，点击Continue，然后在图形窗口的下方弹出选择表面区域的方法。ABAQUS默认有2种方法，一种是by angle，也就是基于角度选择，另一种是individually，也就是单个选择。一般来说，在默认鼠标设置情况下，先使用by angle，按住shift键选择，然后再切换成individually，按住ctrl键，去除多选的网格。

　　注：按图6-11红框所示，选择选项切换成表层网格。

图6-11　接触面定义

根据计算模型的需要，分别创建了用于接触对定义的接触面，用于燃气侧热传导的表面，用于冷却侧热传导的接触面以及用于加载螺栓预紧力的表面。如图6-12所示。

图6-12　表面类型

（2）创建接触属性

在顶部菜单栏中依次选择Interaction-Property-Create或者在工具区中找到创建接触属性的快捷图标，弹出图6-13所示对话框，分别定义切向属性、法向属性和导热属性。

本示例按照模型需要，定义1个接触属性，名称定义为Contact。其中：切向摩擦算法定义为罚函数，即Penalty，摩擦系数设置为0.15；法向属性定义为硬接触，去除允许接触分离的选择；热传导属性按默认的表格给定，即间隙为0时导热，不为0时不导热。

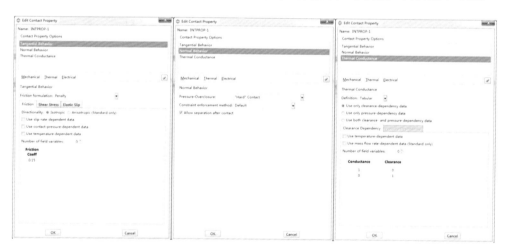

图6-13　接触属性定义

（3）创建接触对

在顶部菜单栏中依次选择Interaction-Create或者在工具区中找到创建接触对的快捷图标，创建如图6-14所示的接触对，共计创建了27个接触对。

以接触对Contact-13为例，讲述接触对设定中需要注意的问题。

首先是主从面的选择。ABAQUS中的接触对由主面（master surface）和从面（slave surface）构成。在模拟过程中，接触方向总是主面的法线方向，从面上的节点

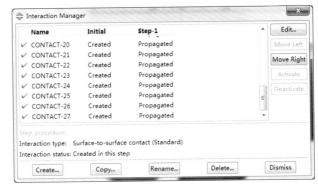

图6-14　接触对定义

点不会穿越主面，但主面上的节点可以穿越从面。定义主面和从面时需要注意：若两个面都为柔性面，则一般选择网格较粗的面为主面；若其中一个面为刚性面，则刚性面需要定义为主面。

其次是接触滑移公式的选择。ABAQUS中默认为有限滑移（finite sliding），即两个接触面之间可以有任意的相对滑动，在分析过程中，需要不断地判定从面节点和主面的哪一部分发生接触，因此计算代价较大。本书中不作特别说明的情况下一律选择小滑移（small sliding）来进行计算，对于小滑移的接触对，ABAQUS在分析的开始就确定了从面节点和主面的哪一部分发生接触，在整个分析过程中这种接触关系不会再发生变化，因此计算代价更小。

具体的设置如图6-15所示。

图6-15　接触对参数设置

6.2.6 定义热边界

热传递分析中，采用第三类热边界，即给定换热壁面换热系数和周围流体的温度。其中，水套侧的热边界来源于水套CFD计算，燃气侧的热边界来源于缸内燃烧计算。通过STAR-CCM+软件将CFD软件得出的热边界结果映射到缸盖的热分析模型上。映射结果如图6-16~图6-20所示，Mapped T代表温度，单位为℃，Mapped HTC代表换热系数，单位为W/（$mm^2 \cdot K$）。

图6-16为进气道映射结果，图6-17为排气道映射结果，图6-18为火力面映射结果，图6-19为缸套映射结果，图6-20为水套映射结果。

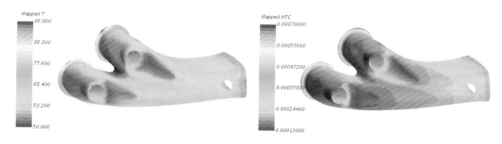

图6-16 进气道映射结果

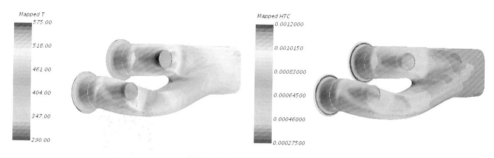

图6-17 排气道映射结果

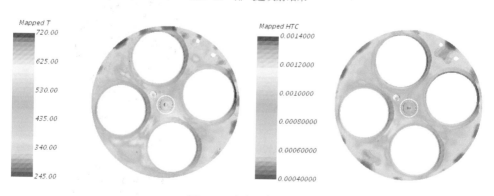

图6-18 火力面映射结果

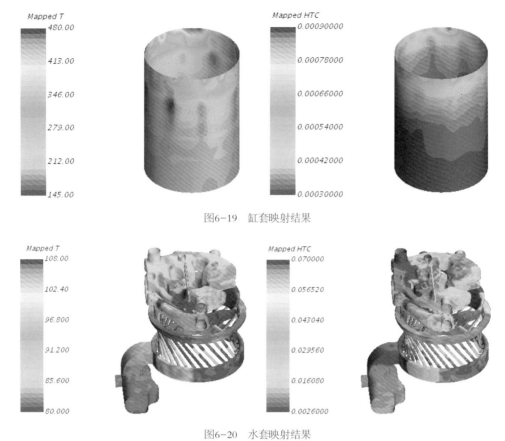

图6-19 缸套映射结果

图6-20 水套映射结果

6.2.7 求解控制

将ABAQUS/CAE工作环境切换到Job模块，应用菜单Job-Create，创建如图6-21所示的作业任务，并可切换到Parallelization选项定义并行计算。

注：因缸盖热边界为映射结果，在CAE界面中并未定义。因此，不能在ABAQUS软件中直接递交计算，而是先点击Write Input按钮，写出inp文件进行修改，如图6-22所示。在写出的inp文件中的OUTPUT REQUESTS之前添加*include，input=gas_mapped.inp和*include，input=wt_mapped.inp。

其中，gas_mapped.inp为缸盖燃气侧温度和换热系数映射完成的文件。wt_mapped.inp为缸盖冷却侧温度和换热系数映射完成的文件。

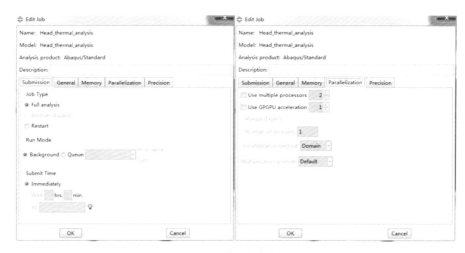

图6-21　作业任务定义

图6-22　写出inp文件

6.3

结构仿真分析过程

6.3.1　模型描述

缸盖结构仿真计算模型和热仿真计算模型一致，无需更改。

6.3.2　网格划分

因缸盖结构复杂，因此采用二阶四面体修正单元C3D10M进行网格划分。本示例中只需将热分析的网格模型中的单元类型更改即可。即由原来的DC3D10更改为C3D10M。

在ABAQUS中操作步骤为：切换到Mesh模块，并找到Assign Element Type图标，打开定义单元类型的窗口，如图6-23所示。在Family中选择3D Stress，即三维应力单元；在Geometric Order中选择Quadratic，即二阶单元；在Tet选项中勾选Modified formulation，即修正单元。

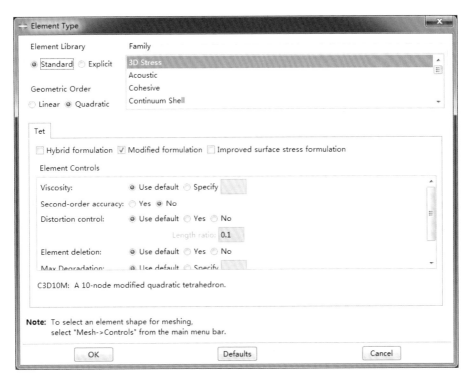

图6-23　单元类型定义

6.3.3　定义分析步

将ABAQUS/CAE工作环境切换到Step模块，应用菜单Step-Create或者在工具区中找到创建分析步的快捷图标，调出图6-24所示的创建分析步对话框，除了默认的初始分析步，还需建立8个分析步。

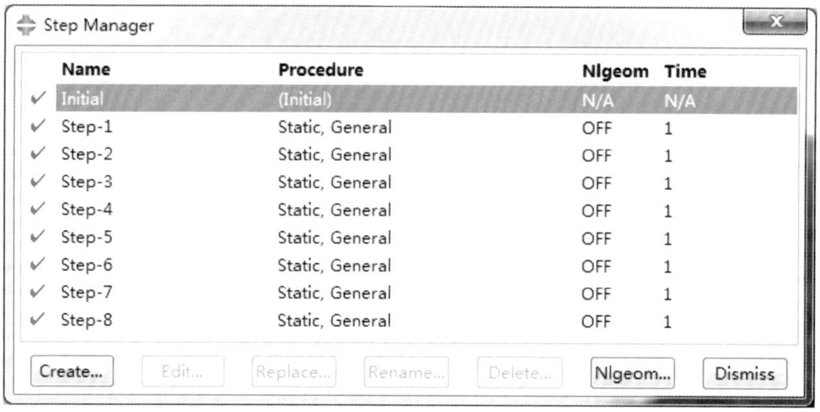

图6-24　分析步定义

应力场整个计算过程分为8个分析步：第1个分析步为加载10%的预紧力载荷，第2个分析步为加载100%的预紧力载荷，第3个分析步为固定螺栓长度。第4个分析步为加载热载荷，第5个分析步加载燃气载荷，第6个分析步为卸载燃气载荷，第7个分析步为重新加载燃气载荷，第8个分析步为卸载燃气载荷，将各载荷工况汇总如表6-2所示，表中"+"号代表该分析步中施加该项载荷。

注：加载燃气载荷2次是为了评估累积塑性应变。

表6-2　载荷工况

分析步序号	载荷		
	螺栓预紧载荷	燃气压力载荷	热载荷
1	+（10%）		
2	+		
3	+		
4	+		+
5	+	+	+
6	+		+
7	+	+	+
8	+		+

6.3.4　定义载荷

应力场载荷主要包括螺栓预紧载荷、燃气压力载荷和热载荷（由温度场计算得到）。另外还需考虑预燃室与缸盖的配合间隙。

（1）螺栓预紧载荷

螺栓预紧载荷的确定非常重要。在概念设计阶段，一般可以按照使螺栓达到屈服状态的轴向力的60%~80%来进行计算；在详细设计阶段，一般根据螺栓规格查询相应的扭矩值，采用经验公式$M=kFd$（k值取值范围为0.15~0.2）来进行计算得到，最后根据计算结果中缸垫的密封性来综合衡量；在改进设计阶段，可以直接通过实验测量轴向力的大小。

本例中：气缸盖螺栓预紧力取值为1000kN，主喷油器螺栓预紧力为40kN，微喷喷油器螺栓预紧力为30kN。

在ABAQUS软件中，切换到Load模块，点击Create Load图标，载荷名称输入SURF_BOLTLOAD-1，Step选择为Step-1，载荷类型选择为Bolt load，点击Continue。在视图窗口的左下方弹出让选择interior surface的对话框，点击右下方的Surfaces图标，在弹出的窗口中选择已定义好的surface，即INJ_PRE2，然后弹出需要定义1根和螺栓轴向平行的轴。若是螺栓的轴向刚好和某个坐标轴平行，则直接在视图窗口中选择对应的坐标轴即可。若不与任何一个坐标轴平行，那么首先需要选择2个点来定义该轴。

定义好轴后，在Magnitude输入框中输入数值4000，即螺栓预紧力值的10%，点击OK，完成该预紧力的定义。如图6-25所示。

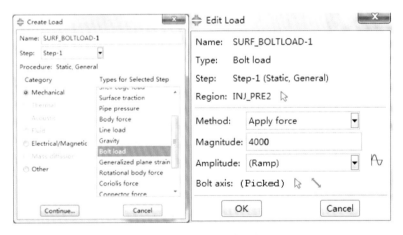

图6-25　螺栓预紧力加载

在Step2中，螺栓预紧力为100%加载。点击工具栏图标，打开Load Manger，在Step-2下点击Propagated，在弹出的窗口中修改值为40000，从Step-3开始，螺栓预紧力为保持长度。同样在Step-3下点击Propagated，将Method更改为Fix at current length，即保持螺栓当前的长度。如图6-26所示。

利用同样的方法完成其他螺栓的预紧力的加载。

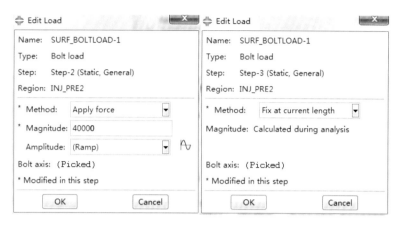

图6-26　修改螺栓预紧力的定义

（2）燃气压力载荷

计算中：燃气爆发压力取值为200bar，也即是20MPa。缸盖火力面和预燃室按20MPa加载。

对于缸套和刮油环的内表面，气体压力在竖直向下的方向上是逐渐递减的。一般来说，第一活塞环至缸套顶面施加100%的燃气压力载荷，第一活塞环至第三活塞环之间施加线性燃气载荷，即由20MPa线性减小到0MPa。据此在计算模型中进行加载。

点击Create Load图标，载荷名称保持默认，Step选择为Step-5，载荷类型选择为Pressure，点击Continue。在弹出的窗口中定义加载的Region，选择定义好的surface名称，并在Magnitude输入框中输入压力的数值20，完成压力载荷的定义，如图6-27所示。

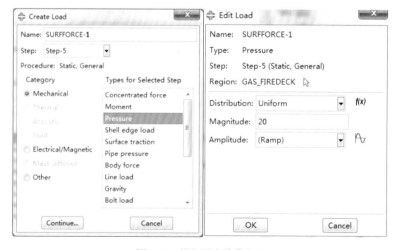

图6-27　燃气压力载荷定义

缸套和刮油环燃气压力加载情况如图6-28所示。

气阀所受燃气载荷等效在气阀座圈上。假设气阀直径为D，则气阀所受载荷F按下式计算：$F=\pi/4\times D^2\times P_{gas}$，式中，$P_{gas}$指燃气压力载荷。气阀座圈所受载荷$F_P$与气阀所受载荷$F$间关系：$F=F_P\times\cos\alpha$，$\alpha$是指气阀座圈与气阀接触的面与水平面之间的夹角，所以加载时采用的面压$P=F_P+S_{seat}$，S_{seat}是指座圈承压面的面积。

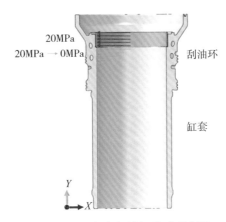

图6-28　缸套和刮油环加载示意图

本示例中：进气阀直径D_{in}=112mm，排气阀直径D_{out}=107mm；进气阀座圈承压面积S_{in}=2830mm^2，排气阀座圈承压面积S_{out}=2800mm^2，进气阀座圈夹角为20°，排气阀座圈夹角为30°。

经计算得到：进气阀座圈所受压力P_{in}=81MPa，排气阀座圈所受压力P_{out}=81MPa，按图6-29所示加载。

图6-29　气阀座圈加载示意图

（3）热载荷

热载荷由温度场计算得到。热载荷的加载属于预定义场的加载，在Load模块中找到Create Predefined Field图标，如图6-30所示。然后在弹出的窗口中选择Other-Temperature，即给整个模型给定初始温度，一般可以给定为20℃。

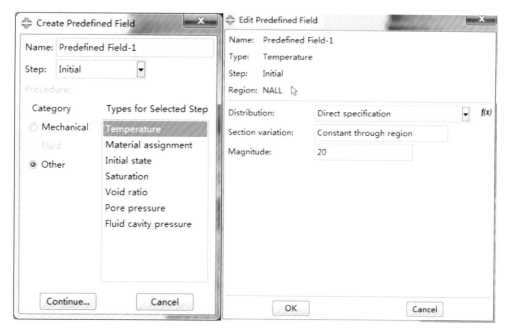

图6-30 初始温度设定

然后重新点击Create Predefined Field图标，在弹出窗口中将Step更改为Step-4，点击Continue，然后将Distribution更改为From results or output database file，在File name中打开温度场的计算结果文件，在Begin step中输入1，其余保持默认即可，完成热载荷的定义。如图6-31所示。

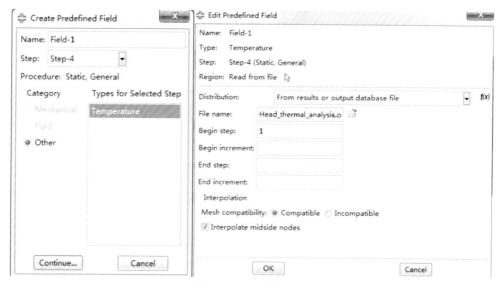

图6-31 温度载荷设定

6.3.5 定义约束

通过菜单栏中BC-Create，或者通过工具栏Create Boundary Condition来定义约束。约束名称保持默认，约束类型选择为Displacement/Rotation，选择缸体底面的所有节点，并定义Set名字为Fixed，约束所有的自由度，然后点击OK。约束加载情况如图6-32所示，约束缸体底面全部自由度。利用同样的方法打开创建约束的窗口，约束类型选择为Symmetry/Antisymmetry/Encastre，即创建对称约束，将约束名称命名为BC-2，根据模型对称情况，在视图窗口中选择对称面上的所有节点，约束选择为XSYMM，即关于X轴对称约束。

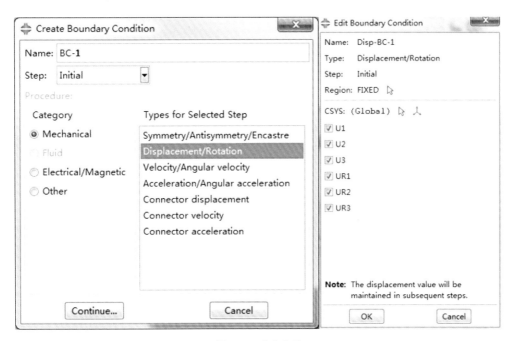

图6-32 约束定义

6.3.6 求解控制

将ABAQUS/CAE工作环境切换到Job模块，应用菜单Job-Create创建如图6-33所示的作业任务。

图6-33 作业任务定义

6.4

结果分析

6.4.1 缸盖温度分布

图6-34所示为缸盖温度场的分布情况。从图中可以看到：缸盖火力面温度较高，尤其是鼻梁区域，最高温度为300℃，低于材料的耐热温度380℃。

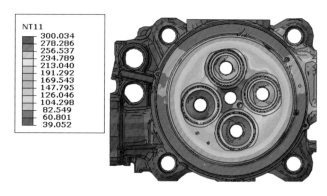

图6-34 缸盖温度场分布

6.4.2　缸套温度分布

　　如图6-35所示为缸套的温度场分布。由图中可以看到：缸套顶部因有刮油环，温度大幅下降，最高温度为188℃，而刮油环上最高温度255℃。缸套最高温度区域出现在缸套中部，最高温度值为200℃。另外，对缸套的热分析结果进行分析时，需要评价活塞在上死点时，距离第一个活塞环下部5mm处的温度分布，由图6-35可以看到，该处温度最高温度低于120℃，在合理范围内。

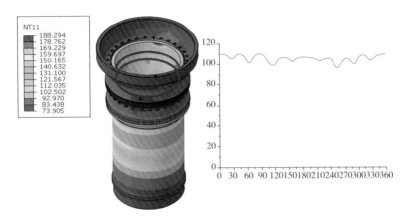

图6-35　缸套温度场分布

6.4.3　密封性评估

　　垫片密封性主要以接触面的接触压力来进行评价。对于缸盖垫片来说，最需要关注的是爆压工况。

　　如图6-36所示是缸盖垫片在爆压工况下的接触压力分布。从图中我们可以看到：缸盖垫片接触压力最小值大于30MPa。符合接触压力不小于20~30MPa的密封性要求。

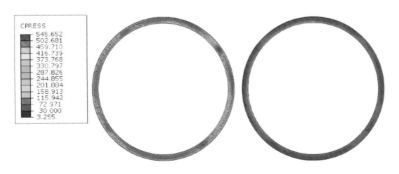

图6-36　缸盖垫片接触压力分布

6.4.4 缸盖应力分布

应力分析是评价缸盖、缸套安全性的基本内容，局部应力集中会引起缸盖的热裂。缸盖材料为QT450，抗拉屈服强度为350MPa，抗压屈服强度为416MPa，缸套材料为HT300，抗拉强度极限为300MPa。

图6-37为某工况下缸盖的应力分布，除不作评估的螺栓孔区域超出屈服强度外，其余均满足强度要求。

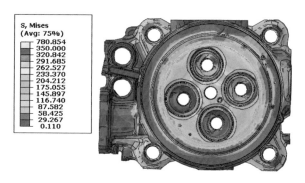

图6-37　缸盖应力分布

除需要关注应力分布外，对于弹塑性材料，考虑到发动机所受载荷为交变载荷，因此需要关注等效塑性应变情况。一般来说：等效塑性应变应在第一个工作循环后保持不变，在数值上，对于承受压应力的区域，限值一般为0.5%，对于承受拉应力的区域，限值一般为0.2%。

图6-38为缸盖底板的等效塑性应变分布情况。从图中可以看到：缸盖鼻梁区存在累积塑性应变，除去不作评估的螺栓孔区域外，在缸盖进水口处出现塑性应变较大区域，最大值为0.0049，但该处受压，所以小于限值0.5%，从图6-39中也可以看出，该点处经过2个工作循环后累积塑性应变并没有增加，因此符合要求。

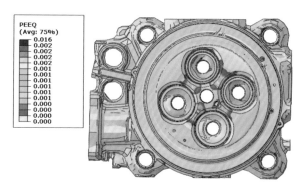

图6-38　缸盖底板等效塑性应变分布

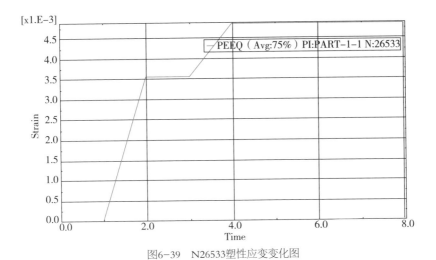

图6-39　N26533塑性应变变化图

6.4.5　缸套变形分析

缸套在受到外界载荷作用后，在圆周方向形成了一个不规则的"圆"，与变形前的圆相比出现了整体的偏心，为了在同一圆心下对比缸套受力前后的变形情况，考察缸套的"失圆度"，我们采用傅里叶分析的方法，去掉了变形后的偏心量。

现取缸套不同位置截面上的圆周作为研究对象分析其变形，以缸套顶部中心为圆心，如图6-40所示。

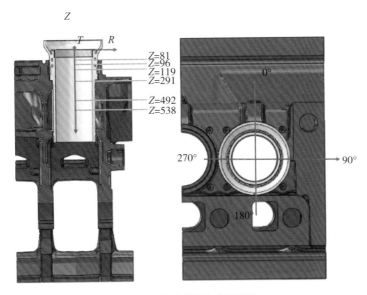

图6-40　缸套截面高度示意图

图6-41~图6-43分别为装配工况下各横截面去除偏心后的径向变形结果。从图中可以看到：装配工况下，顶部变形较大，最大变形在10~20μm之间，总体变形比较均匀，反映出机体刚度分布较好。

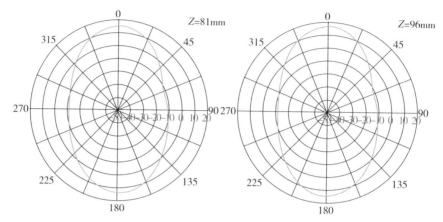

图6-41　缸套径向变形图（1）

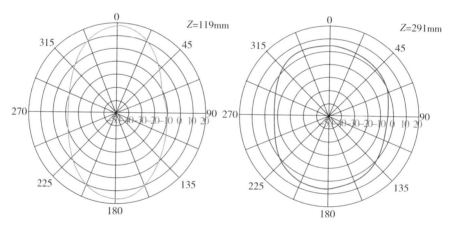

图6-42　缸套径向变形图（2）

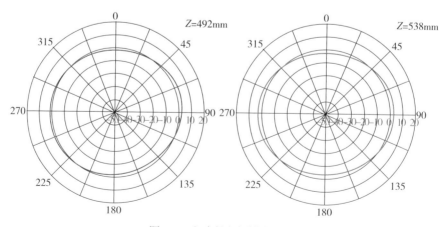

图6-43　缸套径向变形图（3）

为满足缸套与活塞之间机油润滑的要求，对缸套经傅里叶变换后的2阶至8阶径向变形有如下评价的经验公式。

$$\Delta R_n \leqslant (0.5 \times D \times C_n)/100$$

式中　　ΔR_n——第n阶次下缸套径向单边变形值，单位为μm；

D——缸径，单位为mm；

C_n——经验参数。C_n取值如表6-3所示。

表6-3　C_n数值

n	2	3	4	5	6	7	8
C_n	25	16	12	6	4	3.5	3

图6-44为各个截面位置第2~8阶的最大径向变形结果。图中，横坐标为阶次，纵坐标为变形值，单位为微米。绿色线（Limit）表示各个阶次径向变形根据经验公式得到的限值。从结果来看，各阶次径向变形均满足要求。

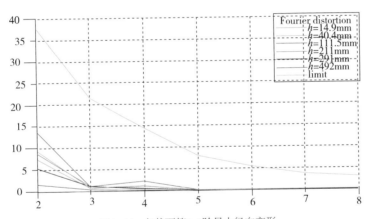

图6-44　各截面第2~8阶最大径向变形

6.5 疲劳仿真计算

为了预测缸盖在工作状态下的耐久性，对缸盖进行了高周疲劳寿命分析。基于应力计算结果，采用FEMFAT软件进行疲劳仿真计算。

在高周疲劳计算中，为得到最小的疲劳安全系数，考虑最差的工况组合，即热载荷工况和爆压工况的组合。高周疲劳计算中，包括很多相关的影响参数。具体设置如表6-4所示：所要求的最小安全系数设定为1.1（子模型为1.05），考虑5%的网格误差和5%的载荷误差。

表6-4　高周疲劳计算参数设置

Influence Factors		
Stress Gradient	on	FEMFAT 2.4
Mean Stress	on	FEMFAT 4.1
Modified Haigh-Diagram	on	Stress Gradient Influence
Mean Stress Rearrangement	on	w/o Sequence Influence
Isothermal Temperature Influence	on	FKM-Guideline
Statistical Influence	on	Gauss（Log N）
Range of Dispersion	on	1.4
Other Influence Factors	off	
Results of Analysis		
Survival Probability	99.99%	
Fatigue Margin Limit	1.1（R）	R=const.

在Femfat软件中的具体设置请参照第4章中关于疲劳计算的内容，在本章中不再详述。其中，疲劳计算模块同样地选择为TransMax模块，在工况选择中定义为Step-3~Step-8。

6.6 INP文件解释

下面是节选的输入文件Head_thermal_analysis.inp，并对关键字加以解释。

**文件抬头说明

*Heading

** Job name: Head_thermal_analysis name: Head_thermal_analysis

** Generated by: ABAQUS/CAE 6.14-2

*Preprint，echo=NO，model=NO，history=NO，contact=NO

** ——————————————————————————————

**

** PART INSTANCE: PART-1-1

** 节点坐标定义，合计4141916个节点

*Node

　　　　1，159.175842，220.245331，−579.530029

　　　　2，146.027405，210.708679，−585.664185

　　　　………………

4141915，　704.22699，　−188.5401，　−502.976349

4141916，　735.773254，　−188.5401，　−502.976349

**单元定义，类型为DC3D10

*Element，type=DC3D10

235507，41058，43790，41114，22305，428952，429221，428951，331712，331718，331714

235508，41113，41059，43790，41058，428954，428955，429217，428950，428949，428952

　　　　………………

5107364，3815506，3824228，3795932，3811994，4098778，4017678，4017677，4073479，

4073486，4017676

　　　　………………

**单元集合的定义

*Elset，elset=PART-1-1_BLOCK_3D，generate

4893837，5107364，　　　　　　1

*Elset，elset=PART-1-1_CYLINDERHEAD_3D，generate

 235507，402722，　　1

　　　　………………

**截面属性定义，材料为QT400

** Section: Section-2-CYLINDERHEAD_3D

*Solid Section，elset=PART-1-1_CYLINDERHEAD_3D，material=QT400

　　　　………………

**节点集合的定义，名称为Fixed

*Nset，nset=Fixed

　　　　………………

**Surface的定义，基于单元，名称为BLOCK_BOLT，即定义缸体与螺栓的接触面

*Surface，type=ELEMENT，name=BLOCK_BOLT

_BLOCK_BOLT_S3，S3

_BLOCK_BOLT_S1，S1

_BLOCK_BOLT_S4，S4

_BLOCK_BOLT_S2，S2

....

** 材料定义，名称为QT400

*Material，name=QT400

**定义随温度变化的导热系数

*Conductivity

0.0372，20.

0.0381，100.

0.039，200.

0.0384，300.

0.0364，400.

0.0344，500.

....

** 定义接触属性

** INTERACTION PROPERTIES

** 接触属性名称为CONTACT

*Surface Interaction，name=CONTACT

1.，

*Friction，slip tolerance=0.005

0.15，

*Surface Behavior，no separation，pressure-overclosure=HARD

*Gap Conductance

1.，0.

0.，1.

**定义间隙接触，间隙值为0.074

*Clearance，master=LINER_BLOCK_TOP，slave=BLOCK_LINER-TOP，value=0.074

....

** 定义边界条件，约束Fixed集合所有自由度

** BOUNDARY CONDITIONS

**

** Name: BC-1 Type: Displacement/Rotation

*Boundary

Fixed, 1, 1

Fixed, 2, 2

Fixed, 3, 3

Fixed, 4, 4

Fixed, 5, 5

Fixed, 6, 6

···················

** 定义分析步，名称为Step-1，为稳态热传递分析

** STEP: Step-1

**

*Step, name=Step-1, nlgeom=NO

*Heat Transfer, steady state, deltmx=0.

1., 1., 1e-05, 1.,

**定义对流传热

** INTERACTIONS

**定义缸盖外表面换热参数，温度为30℃，换热系数为4.5e-05

** Interaction: Head_out

*Sfilm

gas_headout, F， 30., 4.5e-05

**定义缸套未映射表面换热参数，温度为50℃，换热系数为4.5e-05

** Interaction: Liner_down

*Sfilm

gas_liner_other, F, 50., 4.5e-05

**将映射结果读入

*include, input=gas_mapped.inp

*include, input=wt_mapped.inp

**输出设置

** OUTPUT REQUESTS

**

*Restart，write，frequency=0

**

** FIELD OUTPUT: F-Output-1

**

*Output，field，variable=PRESELECT

*Output，history，frequency=0

*End Step

下面是节选的输入文件Head_stress_analysis.inp

** 定义分析步Step-1

** STEP: Step-1

**

*Step, name=Step-1, nlgeom=NO, inc=1000

PRESSFITS

*Static

1.，1., 1e-05, 1.

**

** LOADS

** 定义螺栓预紧力

** Name: SURF_BOLTLOAD-1   Type: Bolt load

*Cload

_SURF_BOLTLOAD-1_blrn_, 1, 4000.

....

**接触定义

** INTERACTIONS

**接触控制设置

** Contact Controls for Interaction: C_head_inject_R

*Contact Controls, master=HEAD_INJ_R, slave=INJECT_HEAD_R, reset

*Contact Controls, master=HEAD_INJ_R, slave=INJECT_HEAD_R, automaticTolerances, stabilize

, 0.

....

**控制参数设置

** CONTROLS

**

*Controls, reset

*Controls, parameters=time incrementation

, , , , , 25 , , , ,

*Controls, parameters=line search

10 , , , , 0.01

** 输出设置

** OUTPUT REQUESTS

**

*Restart, write, frequency=0

** 定义场输出

** FIELD OUTPUT: F−Output−1

**

*Output, field, variable=PRESELECT, frequency=99999

** 定义历程输出

** HISTORY OUTPUT: H−Output−1

**

*Output, history, variable=PRESELECT, frequency=99999

*End Step

....

6.7 本章小结

本章详细阐述了缸盖强度有限元分析过程。从热仿真分析过程，到结构仿真分析过程，最后到高周疲劳计算过程，都进行了详细的描述。对以下指标进行了相应的评估。

（1）温度分布：主要考察缸盖火力面温度是否在材料的耐热温度之下，缸套与活塞环接触区域温度是否满足磨损和润滑要求；

（2）应力评估：缸盖各关键部位的当量应力是否在材料安全极限以内；

（3）缸套变形评估：缸套径向变形是否满足要求；

（4）疲劳安全系数：缸盖各关键部位的疲劳安全系数是否满足要求，评价指标为：在99.99%存活率下，全局模型安全系数不小于1.1，子模型安全系数不小于1.05；

（5）缸垫密封性评估：考察缸垫与缸盖接触面的接触压力，评价指标为：缸盖垫片处接触压力不小于20~30MPa。

第7章

涡壳强度有限元分析

涡壳是发动机涡轮增压器的主要零部件之一，涡壳与发动机排气歧管直接相连，伴随着发动机启动、怠速、额定和停止等不同运行工况，其承受着温度变化极大的热载荷，恶劣的工作环境，容易产生热应力，导致涡壳产生疲劳开裂。

7.1

计算内容

涡壳强度的有限元仿真计算包括以下计算内容：

（1）温度场计算：通过热传递计算，得到涡壳温度场的分布；

（2）应力场计算：通过静力学分析方法，得到涡壳的应力场分布。

7.1.1　问题描述

近年来，世界各国进一步收紧燃油耗的相关法规，汽车制造商为满足这些法规的要求，正在持续不断地开展改善燃油经济性的技术研发工作。汽油机结合采用直喷技术与增压技术，实现了发动机的小型化。涡轮增压器是利用内燃机运作产生的废气驱动将空气压缩进入发动机，使燃油燃烧更加充分，从而提高发动机性能，降低燃油消耗，减少废气排放。

对暴露在发动机下游高温气体中的增压器来说，面对高温排气，必须要确保涡轮叶轮及涡壳等部件的高温强度。尤其在反复承受由加速至减速的瞬态工况产生的热膨胀与收缩的情况下，为避免低循环疲劳破损，确保部件的热疲劳强度是极为重要的。要确保强度，以往主要的应对措施是采用镍基合金等耐热材料。但近年来，由于稀有金属价格上涨，导致成本大幅上升。因而现在正在研究采用低成本材料，并通过调整壁厚等措施来实现低应力设计。

在上述背景下，汽油机用高温涡轮增压器必须具备足够的壁厚，同时又能实现低热应力和低热容量的涡壳设计。在传统的设计中，为避免因分析时间延长而导致的设计周期延长，通常是根据经验或利用计算流体动力学方法，获得排气道壁面的传热系数分布，进行热传导分析，并运用获得的温度分布。

本章节从工程实际出发，以某型涡壳为例，计算了涡壳的温度分布，应力分布，包括网格划分、材料定义、约束和载荷定义和结果分析等，详细阐述了涡壳强度分析的全过程。

7.1.2　计算流程

涡壳强度的有限元分析流程如图7-1所示。

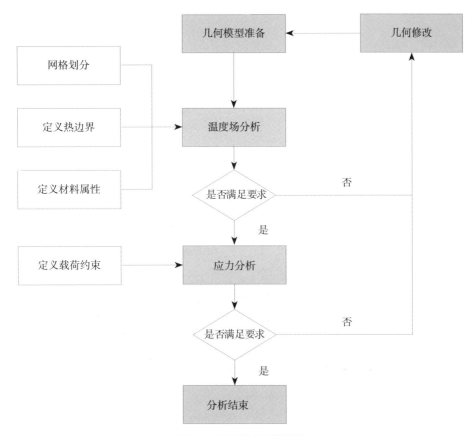

图7-1　涡壳强度计算流程

7.1.3　评价指标

涡壳强度分析需要重点考察的内容包括：温度分布结果、应力结果、累积塑性应变等几个方面。

指标内容：

（1）温度场评估：涡壳温度是否满足要求；

（2）应力评估：涡壳各关键部位的当量应力是否在材料安全极限以内；

（3）累积塑性应变：涡壳关键区域累积塑性应变是否满足要求。

7.2

建立热分析模型

7.2.1 模型描述

涡壳仿真计算模型包含整个涡壳，如图7-2所示。

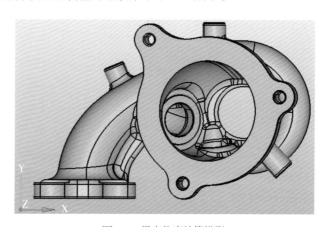

图7-2　涡壳仿真计算模型

7.2.2 网格划分

网格划分是有限元分析中很重要的步骤之一，好的网格质量有助于提高计算效率。因涡壳结构复杂，因此采用二阶四面体单元DC3D10进行网格划分。建议采用通用的前处理软件ANSA或者HYPERMESH来完成，以得到高质量的网格，网格基本尺寸定义为2mm，如图7-3所示。

注：网格质量和密度将对最终的应力结果和变形产生很大的影响。为了获得准确的计算结果，在关键区域尤其是以下区域需要进行加密处理。

（1）应力梯度变化较大区域：如涡舌区域；

（2）应力集中区域：如定位销孔。

网格划分完成后导出INP格式文件，然后导入ABAQUS软件中做进行进一步的设置。

打开ABAQUS软件，通过菜单File-Import-model，将File Filter进行切换，找到需要导入的INP文件，点击OK导入。

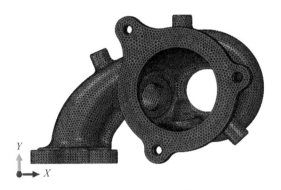

图7-3　涡壳分析网格模型

7.2.3　定义分析步

将ABAQUS/CAE工作环境切换到Step模块，应用菜单Step-Create或者在工具箱中找到创建分析步的快捷图标，选择Procedure Type类型为Heat Transfer，单击Continue，Edit Step对话框，如图7-4所示。

在Basic选项卡设置响应为瞬态求解。为便于将瞬态温度场结果载入结构分析中进行计算，将步长设置为固定步长，增量步的大小设置为10。

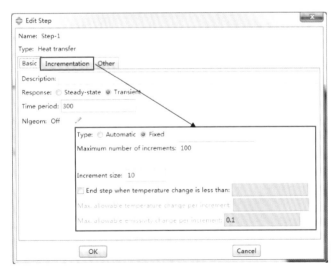

图7-4　分析步的具体设置

除了默认的初始分析步，还需建立4个分析步，如图7-5所示。

其中：第1个分析步为从启动开始加热到额定转速工况，第2个分析步为额定转速工况冷却到怠速工况，第3个分析步为怠速工况升温到额定转速工况，第4个分析步为从额定转速工况冷却到怠速工况，也即计算2个工作循环。

注：每个分析步的时间均设置为300s，1个工作循环的时间为600s，采用瞬态热传递分析方法。

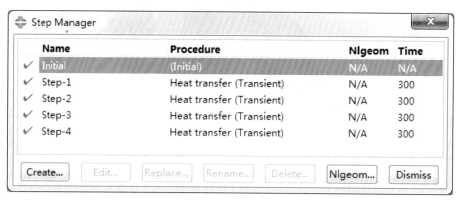

图7-5　创建分析步

7.2.4　定义材料

将ABAQUS/CAE工作环境切换到Property模块，应用菜单Material-Create或者在工具区中找到创建材料的快捷图标，调出图7-6所示的创建材料的对话框。按表7-1中给出的参数定义。

- 命名：对话框中"Name"为GX40CRNISI22-10。
- 热传导系数：对话框中应用Thermal-Conductivity，定义热导率，勾选Use temperature-dependent data，按表7-1输入参数。
- 线膨胀系数：对话框中应用Expansion，定义热导率，勾选Use temperature-dependent data，按表7-1输入参数。
- 比热容：对话框中应用Specific Heat，定义比热容，输入500000。
- 弹性模量和泊松比：对话框中应用Mechanical-Elasticity-Elastic，定义弹性模量和泊松比，勾选Use temperature-dependent data，按表7-1输入参数。
- 密度：对话框中应用General-Density，定义密度，输入7.98E-9。

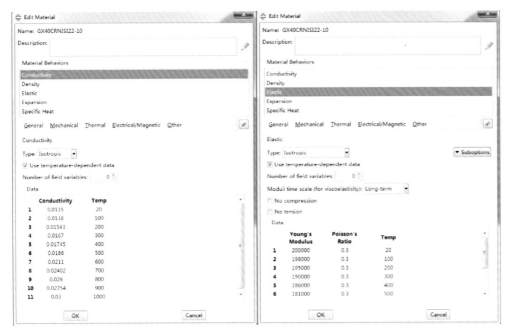

图7-6 材料定义对话框

在热传递计算中，除了定义弹性模量、泊松比和密度外，还需要定义热导率和比热容，材料的参数应尽量详细地给出，特别是随温度变化的数值。

表7-1 材料参数

涡壳：GX40CRNISI22-10				
温度 $T/℃$	弹性模量 $E/(\text{N/mm}^2)$	热膨胀系数 $\alpha \times 10^{-6}/(\text{1/K})$	导热系数 $\lambda/[\text{W}/(\text{m}\cdot\text{K})]$	泊松比 $\nu\,(-)$
20	200000	14.2	13.5	0.28
100	198000	14.9	13.8	0.28
200	195000	15.9	15.9	0.28
300	190000	16.8	16.7	0.28
400	186000	17.4	17.4	0.28
500	181000	18.0	18.6	0.28
600	175000	18.1	21.1	0.28
700	172000	18.2	24.0	0.28
800	167000	18.3	26.0	0.28
900	163000	18.5	27.5	0.28
1000	160000	18.8	30.0	0.28

注：本书示例一律采用N-mm-s的单位制。材料定义既可以在前处理软件中完成，也可以在ABAQUS软件当中完成，区别在于：在前处理软件当中完成，则可以整体导入到ABAQUS软件，整个模型被识别成1个part和多个set；而如果想在ABAQUS当中完成材料的定义，则建议单个零件分别导入，否则在材料定义时不方便，在ABAQUS中定义材料的优势在于可以调用材料库Material Library。本示例是在ABAQUS软件当中完成材料定义的。

定义好材料之后，需要定义截面的属性，即Section，在工具区中点击Create Section图标，如图7-7所示，选择Category为Solid，Type为Homogeneous，并在Material中选择创建好的材料GX40CRNISI22-10。

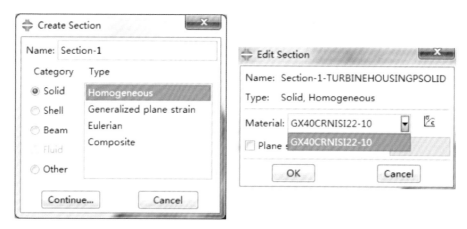

图7-7　Section定义

创建好Section后，需要将Section属性赋给几何。点击工具区Assign Section图标，弹出如图7-8所示的对话框，根据提示，单击"Sets"，在弹出的窗口中选择TURBINHOUSINGPSOLID，点击Continue，然后点击OK，完成截面属性的定义。

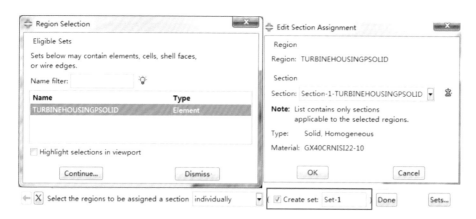

图7-8　Assign Section定义

若没有在前处理中定义好Set，则可以在图形框中选中涡壳实体，并可以将选中的实体定义为一个Set，方便后续选择，默认的set名字为Set-1，可按照习惯将该名字进行更改，然后点击Done完成实体的选择。

定义完成后，几何或者单元将变成浅绿色。

7.2.5　定义装配体

将ABAQUS/CAE工作环境切换到Assembly模块，应用Instance-Create或者单击工具区图标（Create Instance），默认Parts选择PART-1，点击OK完成装配的定义。

7.2.6　定义热边界

对于涡轮增压器涡壳和流经涡壳内的废气，气体与金属固体的传热模式主要是强制对流换热，当金属物体表面与周围气体存在温度差时，单位时间内单位面积散失的热量与温度差成正比，比例系数即热传递系数。在强制对流中，从气体传至蜗壳的热流量可通过牛顿冷却定律计算：

$$q = h \left(T_{\text{gas}} - T_{\text{metal}} \right)$$

其中：T_{gas}及T_{metal}分别为废气温度和涡壳金属表面温度，h为表现换热系数，该参数不仅取决于物体的物性、换热表面的形状、大小相对位置，而且与气流的速度有关。

热边界的定义有2种方法：第1种方法是建立流固耦合模型，通过CFD软件计算得到流固交界面上的温度和换热系数，然后映射至涡壳模型的换热壁面；第2种方法是根据经验将涡壳的内流道分区分别给定温度和换热系数值。

以上2种方法各有优劣。在数据库比较完备的时候建议采用第2种方法，高效快捷，反之，则建议采用第1种方法。

本章针对的就是第2种方法。如图7-9所示。将涡壳表面分成不同的区域。包括外壁面（External_

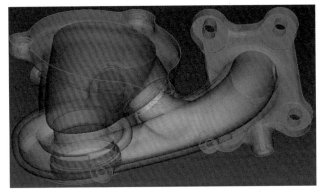

图7-9　涡壳热边界区分示意图

Surface）、进气道壁面（Inlet_Surface）、涡轮壁面（Wheel_Surface）、排气道壁面
（Outlet_Surface）、废气旁通阀壁面（Gate_Surface）和中间壳配合壁面（A surface）。

　　将ABAQUS/CAE工作环境切换到Interaction模块，然后在工具区中选择Tools-
Surface –Create，弹出Create Surface对话框，输入A surface，点击Continue，然后在
图形窗口的下方出现选择表面区域的对话框，有2种选择方法，一种按照angle，即角
度，另一种为individually，即单个选择。此处因为是孤立网格，所以选用第一种方
法，角度值随时可以调整，然后在图形窗口中选择相应的网格表面。如图7-10所示，
采用同样的方法共创建6个Surface，各个面的选择区域如图7-11~图7-14所示。

　　需要注意的是：在图形窗口中选择表面区域时，选择方法应该切换成Select From
Exterior Entities，即选择单元的外表面。

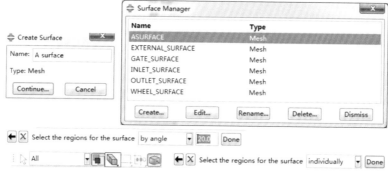

图7-10　建立传热壁面

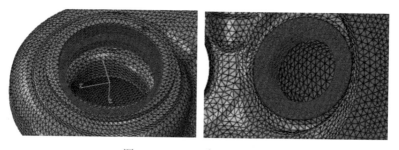

图7-11　A surface和Gate Surface

图7-12　Wheel_Surface

图7-13　Inlet_Surface

建立完以上所述表面后，点击工具区图标▣（Create Interaction），在弹出的对话框中，输入Interaction的名称为A surface，Step切换为Step-1，类型选择为Surface film condition，点击Continue，此时在图形窗口的下方将会出现选择表面区域的对话框，点击右下方的Surface，在弹出的Region Selection窗口

图7-14　Outlet_Surface

中便出现之前所建立的Surface，然后选择A surface，如图7-15所示。

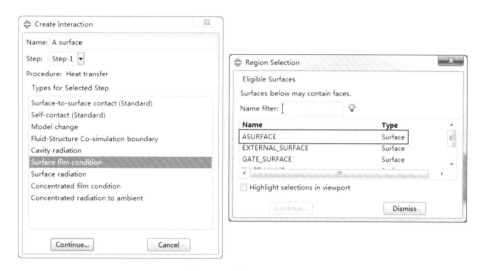

图7-15　定义Interaction

然后点击Continue，弹出Edit Interaction的对话框。在Film coefficient中输入换热系数0.0001，在Sink temperature中输入温度值640℃，如图7-16所示。按照同样的方法，按表7-2所示数据，共定义6个Interaction。

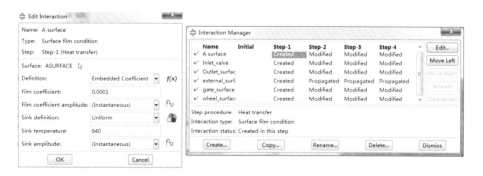

图7-16　热边界定义

表7-2　热边界输入参数值

名称	额定工况		怠速工况	
	温度/℃	换热系数 [W/ (m²·K)]	温度/℃	换热系数 [W/ (m²·K)]
A surface	640	100	150	100
Inlet_Surface	900	800	200	400
Outlet_Surface	700	400	100	200
Wheel_Surface	850	600	150	200
Gate_Surface	900	800	200	200
External_Surface	100	50	100	50

7.2.7　求解控制

将ABAQUS/CAE工作环境切换到Job模块，应用菜单Job-Create或者在工具箱中找到创建作业任务的快捷图标，创建如图7-17所示的作业任务。

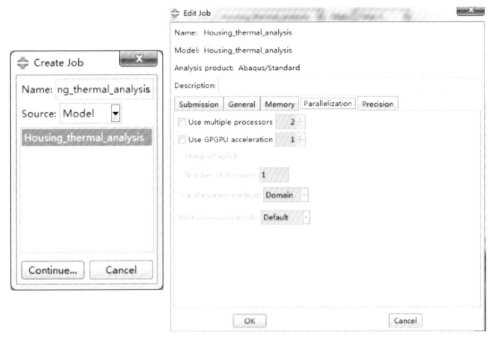

图7-17　作业任务定义

7.3

建立结构分析模型

7.3.1 模型描述

涡壳结构仿真计算模型和热仿真计算模型一致。

7.3.2 网格划分

因涡壳结构复杂，因此采用二阶四面体修正单元C3D10M进行网格划分。本示例中只需将热分析的网格模型中的单元类型更改即可。即由原来的DC3D10更改为C3D10M。

在ABAQUS中操作步骤为：切换到Mesh模块，并找到Assign Element Type图标，打开定义单元类型的窗口，如图7-18所示。在Family中选择3D Stress，即三维应力

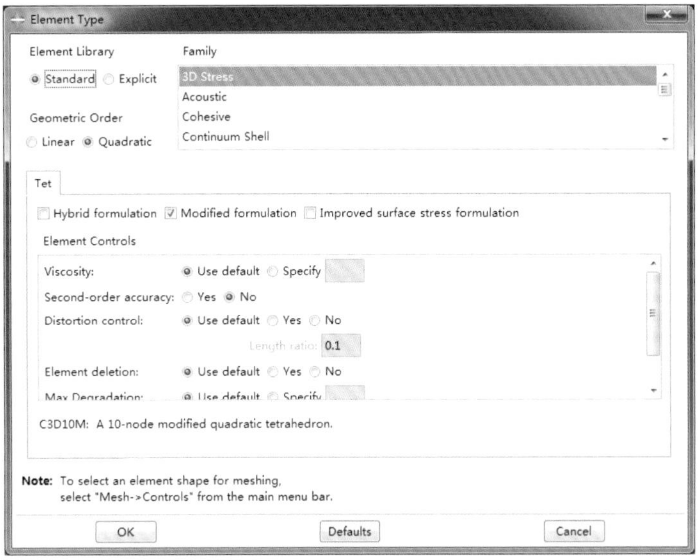

图7-18 单元类型定义

单元；在Geometric Order中选择Quadratic，即二阶单元；在Tet选项中勾选Modified formulation，即修正单元。

7.3.3 定义分析步

将ABAQUS/CAE工作环境切换到Step模块，应用菜单Step—Create或者在工具区中找到创建分析步的快捷图标，调出图7-19所示的创建分析步对话框，分析类型选择Static，General，点击Continue，在Basic选项卡中将Time period设置为10，切换到Incrementation，将Type设置为Fixed，即固定步长，将大小设置为10。

注：Time period根据热分析来定义，在第1个升温过程中分别选择10s，20s，30s，50s，70s，100s，130s，160s，190s，220s，250s，270s，280s，290s，300s。计算总时间和热分析对应。在第1个降温过程中分别选择310s，320s，330s，350s，370s，400s，430s，460s，490s，520s，550s，570s，580s，590s，600s。

同样的时间定义第2个升温过程和降温过程。除了默认的初始分析步，共建立了60个分析步。当然，可以定义更多的分析步，甚至时间间隔固定为10s，热分析每个时间步长的结果都加以计算，以得到最精确的计算结果。

具体可参见本章节中INP关键字的解释。

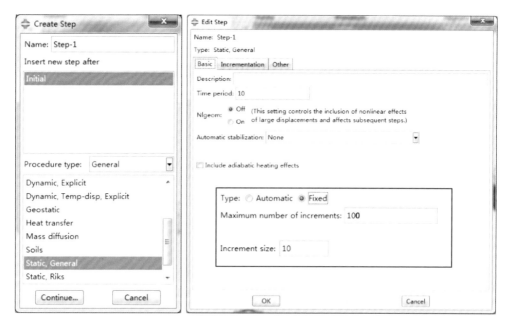

图7-19 分析步创建

7.3.4 定义载荷

涡壳主要是受热载荷，本书中不考虑其他的载荷。在ABAQUS软件中，切换到Load模块，在工具区中找到图标 ⌐（Create Predefined Field），在预定义场中定义温度载荷。在弹出的对话框中，将Step切换到Step-1，场的类型默认为Temperature，点击Continue，然后在图形窗口的右下角点击Sets，在弹出窗口中选择定义好的Set集合Nall（整个涡壳模型的节点集合），如图7-20所示。

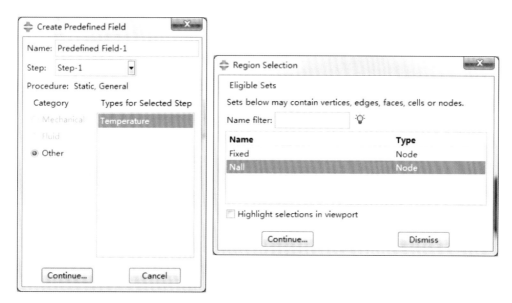

图7-20 预定义场定义

点击Continue，弹出如图7-21所示窗口，将Distribution选项切换为From results or output database file，点击打开文件图标，File name选择为温度场计算结果文件。Begin step设置为1，Begin increment也设置为1，其他按图中所示设置。

利用同样的方法，定义其他Step的温度载荷。

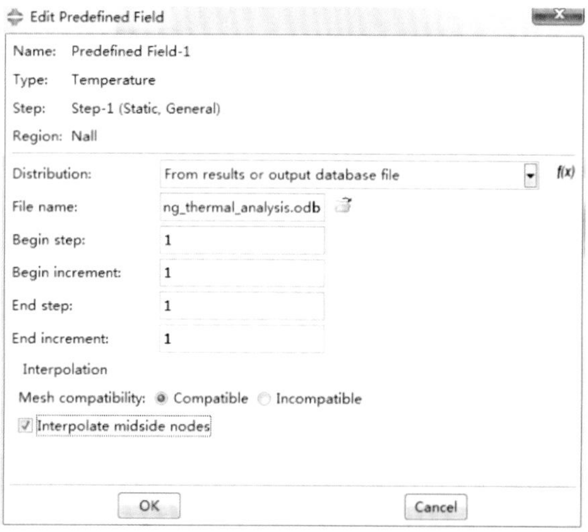

图7-21 温度载荷定义

需要注意的是：还需要定义整体模型的初始温度，利用同样的方法，如图7-22所示：Step选择为Initial，点击Continue，在弹出窗口Magnitude输入框中输入初始温度值20℃。

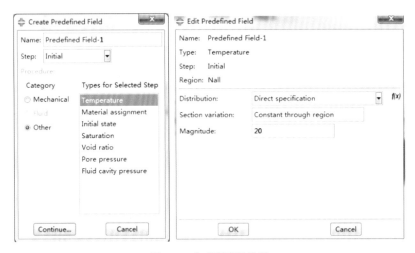

图7-22 初始温度场设置

7.3.5 定义约束

通过菜单栏中BC-Create，或者通过工具区Create Boundary Condition来定义约束。约束名称保持默认，约束类型选择为Displacement/Rotation，点击Continue，然后选择涡壳进口法兰端面的所有节点，并定义Set名字为Fixed，如图7-23所示，点击Continue，在弹出的窗口中勾选U2及所有的旋转自由度，然后点击OK，完成约束的加载，如图7-24所示。

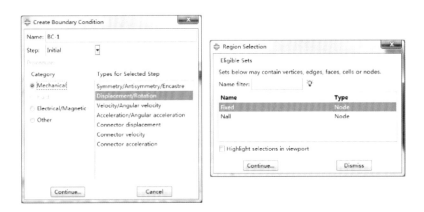

图7-23 边界条件类型及区域选择

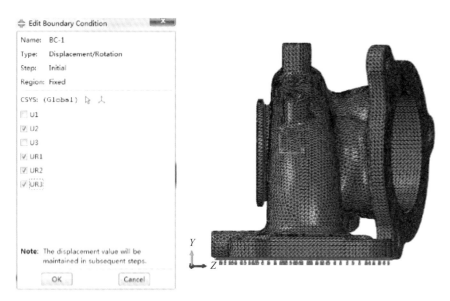

图7-24　约束加载情况

7.3.6　求解控制

将ABAQUS/CAE工作环境切换到Job模块，应用菜单Job-Create或者在工具区中找到创建作业任务的快捷图标，创建如图7-25所示的作业任务。

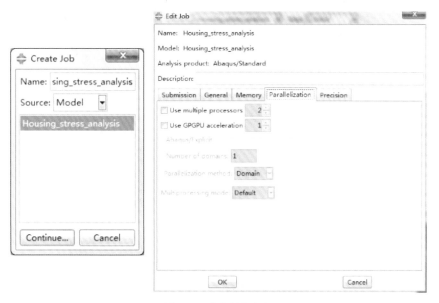

图7-25　作业任务定义

7.4

结果分析

7.4.1 温度场结果

涡壳温度场的计算结果如图7-26和图7-27所示。因涡壳计算的初始温度给定为室温，因此，一般取第2个循环的计算结果进行分析。

图7-26为额定工况下的温度分布，最高温度值为882.7℃；图7-27为怠速工况下的温度分布，最高温度值为222.2℃。

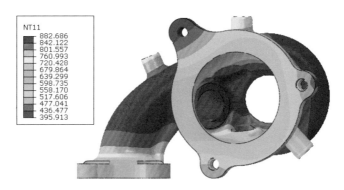

图7-26 额定工况下涡壳的温度分布

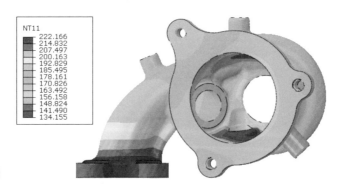

图7-27 怠速工况下涡壳的温度分布

为了更好地评估涡壳的温度场分布，需要对关键点在工作循环中的温度变化进行追踪，方法如下所述。

在工具区中找到图标▦（Create XY Data），点击该图标，在弹出窗口中选择ODB field output，点击Continue，在弹出窗口中，Position选择为Unique Nodal，即单个节点，然后在输出参数中选择N11，即节点温度值，如图7-28所示。

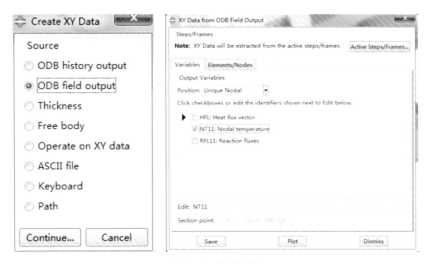

图7-28 参数选择

然后切换到Elements/Nodes，如图7-29所示。选择方法保持默认的Pick from viewport，即从视图窗口中进行选择。其他方法包括节点号、节点组等。

在右侧点击Edit Selection，然后在视图窗口中左键点击需要Plot的节点。

图7-29 节点选择

选择好后点击Plot，便出现如图7-30所示的温度变化曲线图。

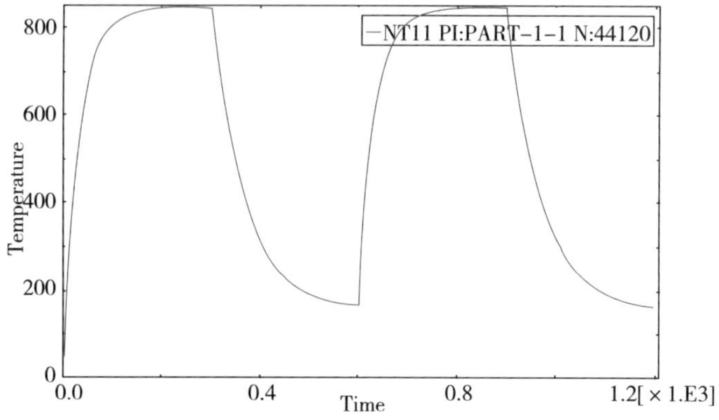

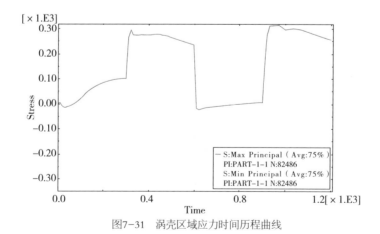

图7-30　节点温度变化图

7.4.2　应力结果

由于材料的屈服强度和抗拉强度随温度变化，因此不能直接用计算结果中的应力值大小进行评估，而且涡壳的主要失效形式是热疲劳破坏。

涡壳产生裂纹的主要原因便是受到启停加减速时的热冲击作用，表现出来便是低周疲劳，疲劳寿命很大程度上由塑性应变大小来决定。

涡壳中热应力变化梯度较大的区域便是涡舌区域和其他的一些区域。在快速升温阶段，薄壁区域升温较快，因热胀冷缩作用受到厚壁区域的挤压而受到压应力；在快速降温阶段，薄壁区域降温较快，因热胀冷缩作用而受到厚壁区域的牵拉而受到拉应力。因此，薄壁区域受到交变应力的作用，更容易发生疲劳破坏。如图7-31所示，在0~300s区间主要受压应力作用，而在300s~600s区间主要受拉应力作用。

图7-31　涡壳区域应力时间历程曲线

图7-32为涡壳的累积塑性应变分布情况，从图中可以看到：涡壳整体的累积塑性应变值处于较低水平，大部分在0.005以下。在工程中，通常以0.02为评估标准。

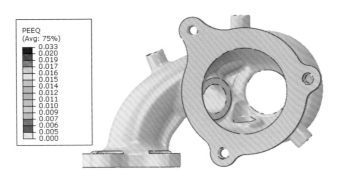

图7-32 涡壳累积塑性应变分布

图7-33为涡舌区域的累积塑性应变分布，从图中可以看到：涡舌区域最大累积塑性应变值为0.033。

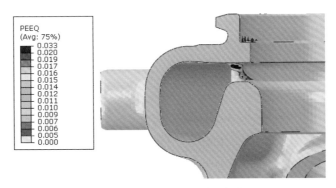

图7-33 涡舌区域累积塑性应变结果

7.5 INP文件解释

下面是节选的输入文件Housing_thermal_analysis.inp，并对关键字加以解释。

**文件抬头说明

** ABAQUS Input Deck Generated by HyperMesh Version ：14.0.0.88

** Generated using HyperMesh－ABAQUS Template Version：14.0

**

**　Template：ABAQUS/STANDARD 3D

**节点定义，合计279076个节点

*NODE

　1，21.192234　　，－41.0349083　，37.6972313

　2，21.1829033　，－39.676281　　，39.4066849

　　　　　　　………………………………

　279075，8.3566828788213，44.333269077412，10.71958633896

　279076，－40.10821441558，11.530966155943，27.928382934385

**HWCOLOR COMP　　　4　　　4

**单元定义，单元类型为DC3D10，单元集合名称为housing_3D，合计286847个单元

*ELEMENT，TYPE=DC3D10，ELSET=housing_3D

　54730，2425，118517，2426，2445，123999，124000，98894，

　98876，124001，98875

　54731，110077，9714，118545，9710，124002，124003，124004，

　　　　　　　………………………………

　286847，16860，30705，108911，120477，279076，30703，30700，

　123998，123996，123995

**截面属性定义，材料为GX40CRNISI22－10

*SOLID SECTION，ELSET=housing_3D，MATERIAL=GX40CRNISI22－10

，

**节点结合定义，名称为Nall

*NSET，NSET=Nall

　1，　2，　3，　4，　5，　6，　7，　8，

　9，　10，　11，　12，　13，　14，　15，　16，

　　　　　　　………………………………

** 材料定义

** MATERIALS

**

**HMNAME MATS　　　　1 GX40CRNISI22－10　　　3

**定义材料名称

*MATERIAL，NAME=GX40CRNISI22-10

**定义导热系数

*Conductivity

 0.0135，20.

 0.01138，100.

．．．．．．．．．．．．．．．．．．．．．．．．．．．．．．

**定义密度

*Density

 7.98e-09，

．．．．．．．．．．．．．．．．．．．．．．．．．．．．．．

**定义传热表面，名称为ASURFACE，基于单元表面定义

*SURFACE, NAME = ASURFACE，TYPE = ELEMENT

．．．．．．．．．．．．．．．．．．．．．．．．．．．．．．

**初始场定义，初始温度值设定为20℃

** PREDEFINED FIELDS

**

** Name: Field-1   Type: Temperature

*Initial Conditions, type=TEMPERATURE

NALL，20.

**分析步定义，名称为Step-1

** STEP: Step-1

**

*Step, name=Step-1, nlgeom=NO

*Heat Transfer, end=PERIOD

10.，300.，，，

**热边界定义

** INTERACTIONS

**

** Interaction: A surface

**定义温度为640℃，换热系数为100W/m^{2}K

*Sfilm

ASURFACE, F，640.，0.0001

....

** 定义计算输出

** OUTPUT REQUESTS

**

*Restart, write, frequency=0

** 定义场输出

** FIELD OUTPUT: F－Output－1

**

*Output, field, variable=PRESELECT

**定义历程输出

*Output, history, frequency=0

*End Step

....

下面是节选的输入文件Housing_stress_analysis.inp中分析步的定义，并对关键字加以解释。

**对分析步进行说明

** ．．．．．．．．．Step=1（T 1; time= 10）．．．．．．．．．

**分析步定义，最大增量步为100，初始增量步的大小为10

*STEP, INC=100

*STATIC

    10，   10

**

**预定义场定义

** PREDEFINED FIELDS

**

** Name: Predefined Field－1   Type: Temperature

*Temperature,op=NEW

** Name: Predefined Field－2   Type: Temperature

**施加温度场计算结果

*Temperature,

file=Housing_thermal_analysis.odb,

OP=NEW, BSTEP= 1, BINC=1, EINC=1

**计算输出设定

** OUTPUT REQUESTS

**

*Restart, write, frequency=0

*Output，field，frequency=99999

*Node Output

U，

*Element Output，directions=YES

S，

**

** HISTORY OUTPUT: H－Output－1

**

*Output，history，variable=PRESELECT

*End Step

7.6 本章小结

　　本章详细阐述了涡壳强度的有限元分析过程。对网格划分、材料定义、热边界的定义、热应力的求解以及结果评估都进行了详细的讲解。

第 8 章

叶轮强度有限元分析

随着增压器的压比和转速的不断提高，叶轮所受的机械负荷不断增加，尤其是离心力载荷。因此，有必要对叶轮强度进行校核以确定叶轮能承担的最高转速。同时，叶轮作为涡轮增压器的一部分，装载在发动机上，承受着较大的振动激励，因此，需要对叶轮进行模态分析，以避免发生共振的风险。

计算内容

叶轮强度的有限元仿真计算包括以下计算内容：

（1）应力场计算：通过静力学分析方法，得到叶轮的应力场分布；

（2）模态计算：通过模态分析，得到叶轮的自由模态频率和振型。

8.1.1 问题描述

压气机叶轮是增压器的主要工作元件，是一种高速旋转的机械。它的作用是将涡轮机输送来的机械能转化为气体的内能和压力能。由于功能的关系，其所处的环境十分恶劣，受离心力、气体压力和热应力的共同作用。叶片故障时有发生，直接影响其性能和使用寿命。

相对涡轮来说，压气机叶轮由气动力产生的压力载荷以及热载荷通常比较小，因此在计算过程中，只考虑离心力的作用。

因只考虑离心力的作用不考虑气动力等作用，所以叶轮为自由振动。自由振动是指振动物体在无交变外力作用下所发生的简谐振动。物体不受外界的持续作用，只靠弹性恢复力、质量的惯性力而维持振动。但是振动是由外力激发，振动的能量就是由出事的外力激发给予的。自由振动的频率也就是自振频率或者说固有频率，其仅与系统的物理参数有联系。对于单自由度系统的物理参数就是系统的质量和刚度；对于多自由度系统，有关的物理参数就是系统的质量矩阵和刚度矩阵，也就是系统的边界条件、几何情况与材料属性等相关参数。

有预应力模态分析用于计算有预应力结构的固有频率和模态，如有载结构、张紧的弦、旋转涡轮片等的模态分析。除了首先要通过进行静力分析把荷载产生的应力（预应力）加到结构上外，有预应力模态分析的过程和一般模态分析基本上一样。

当涡轮增压器在工作时，叶轮承受周期性变化的力，就是使得叶轮强迫振动的激振力。当其变化频率与叶轮所固有的自振频率相等或者成整数倍的时候，叶轮就会产生共振。共振时叶轮的振幅急剧增加，会使叶轮因为疲劳而断裂。

叶片在很高的转速下，由于离心力产生的预应力的作用，其自振频率会增加。因此需要计算叶轮在某一转速下的模态，即预应力模态分析。

近年来，为了进一步提高增压器的压比，在设计中常采用减小叶片厚度来提高叶轮外径的圆周速度，这样就增大了叶片的应力。因此，对叶轮强度方面的要求也越来越高，对设计者来说，利用有限元方法对叶轮强度进行分析，优化叶轮形状已成为设计过程中的重要一环。

本章节从工程实际出发，以某型叶轮为例，计算了叶轮的应力分布和模态，包括网格划分、材料定义、约束和载荷定义和结果分析等，详细阐述了叶轮强度分析和模态分析的全过程。

8.1.2　计算流程

叶轮强度的有限元分析流程如图8-1所示。

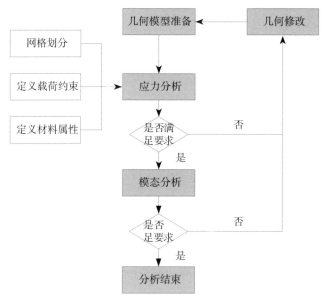

图8-1　叶轮强度计算流程

8.1.3　评价指标

叶轮强度分析需要重点考察的内容包括变形结果、应力结果、模态频率等几个方面。

指标内容：

（1）应力评估：叶轮各关键部位的当量应力是否在材料安全极限以内；

（2）模态评估：是否存在发生共振的风险。

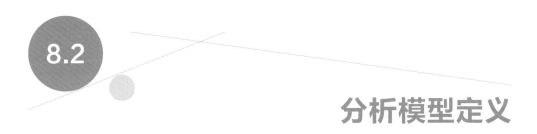

8.2 分析模型定义

8.2.1 模型描述

本文计算的叶轮总共包含8个叶片，因叶轮总体结构为周期性对称结构，且所受的离心力载荷相同，因此，为了减少不必要的工作量，提高计算效率，取单个叶片进行分析计算，如图8-2所示。

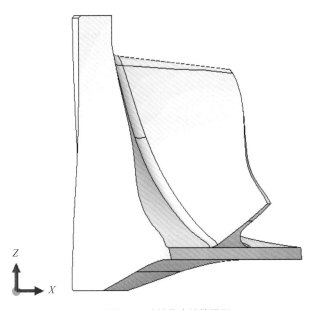

图8-2 叶轮仿真计算模型

8.2.2　网格划分

网格划分是有限元分析中很重要的步骤之一，好的网格质量有助于提高计算效率。建议采用通用的前处理软件ANSA或者HYPERMESH来完成，以得到高质量的网格，网格划分完成后导出INP格式文件，然后导入ABAQUS软件中做进行进一步的设置。本例中直接在ABAQUS软件中进行网格划分。

打开ABAQUS软件，通过菜单File-Import-Part导入叶轮几何，然后切换到Mesh模块。

- 点击工具区图标 （seed part instance），弹出如图8-3所示对话框，将网格基本尺寸定义为0.5mm。需要注意的是将Object切换成Part才能设置网格尺寸。
- 点击工具区图标 （assign mesh control），在图形窗口中鼠标左键选择叶轮实体，因叶轮结构较复杂，所以在Element Shape选项中选择Tet，即四面体单元（见图8-3）。
- 点击工具区图标 （assign element type），在图形窗口中鼠标左键选择叶轮实体，在Element Library中选择Standard，在Family中选择3D Stress，Geometric选择Quadratic，即采用二阶四面体单元C3D10进行网格划分，为确保计算结果准确可靠，在关键区域进行适当的网格加密处理。
- 点击工具区图标 （Mesh Part）进行网格划分，划分结果如图8-4所示。

注：划分疏密不同的网格主要用于应力分析（包括静应力和动应力），而计算固有特性时则趋于采用较均匀的网格形式。这是因为固有频率和振型主要取决于结构质量分布和刚度分布，不存在类似应力集中的现象，采用均匀网格可使结构刚度矩阵和质量矩阵的元素不至相差太大，可减小数值计算误差。

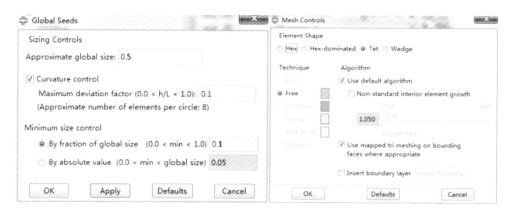

图8-3　网格划分设置

图8-4 叶轮分析网格模型

8.2.3 定义分析步

将ABAQUS/CAE工作环境切换到Step模块，应用菜单Step-Create或者在工具区中找到创建分析步的快捷图标，调出图8-5所示的创建分析步对话框，除了默认的初始分析步，还需建立2个分析步。

其中：第1个分析步为静强度分析步，第2个分析步为模态分析步。

注：step-1按默认设置，为考虑预应力对模态值的影响，打开Nlgeom选项。step-2设定需要求取的模态阶次为20个，为剔除前6阶刚体模态结果，将关注的最小频率值设置为高于10Hz。

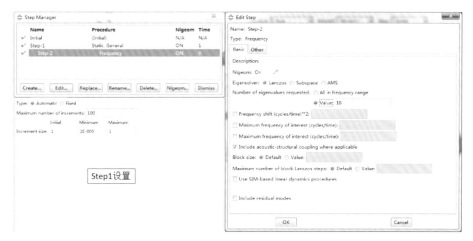

图8-5 创建分析步

在工具区中单击 （Create Field Output）按钮，弹出创建场输出的对话框，名称保持默认，点击Continue，然后弹出场输出需求的对话框，在输出频率中选择为Last increment，在Output Variables中点击Preselected defaults，即保持默认输出，整个过程如图8-6所示。

图8-6 场输出定义

在工具区中单击 （Create History Output）按钮，弹出创建历程输出的对话框，名称保持默认，点击Continue，然后弹出场输出需求的对话框，在输出频率中选择为Last increment，在Output Variables中点击Preselected defaults，即保持默认输出，整个过程如图8-7所示。

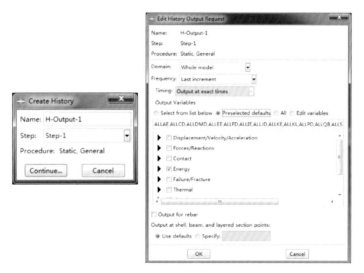

图8-7 历程输出定义

8.2.4 定义材料

将ABAQUS/CAE工作环境切换到Property模块，应用菜单Material-Create或者在工具区中找到创建材料的快捷图标，调出图8-8所示的创建材料的对话框。

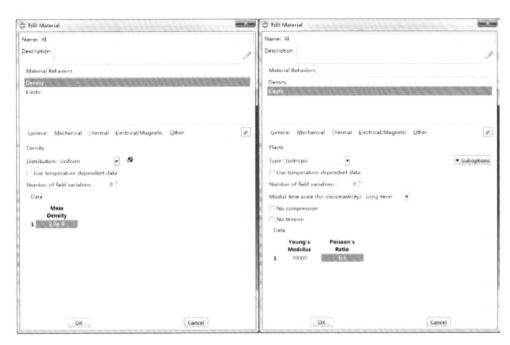

图8-8 材料定义对话框

在对话框中，按如下步骤输入参数：

- 命名：对话框中"Name"为Al。
- 弹性模量和泊松比：对话框中应用Mechanical-Elasticity-Elastic，定义弹性模量和泊松比，按表8-1输入参数。
- 密度：对话框中应用General-Density，定义密度，输入2.7E-9。

在计算中，需要定义弹性模量、泊松比和密度，如表8-1所示。

表8-1 材料参数

部位	叶轮
材料名称	铝合金
弹性模量/（N/mm^2）	70000
泊松比	0.3
密度/（ton/mm^3）	$2.7 \times e^{-9}$

注：本书示例一律采用N-mm-s的单位制。材料定义既可以在前处理软件中完成，也可以在ABAQUS软件当中完成，区别在于：在前处理软件当中完成，则可以整体导入到ABAQUS软件，整个模型被识别成1个part和多个set；而如果想在ABAQUS当中完成材料的定义，则建议单个零件分别导入，否则在材料定义时不方便，在ABAQUS中定义材料的优势在于可以调用材料库Material Library。本示例是在ABAQUS软件当中完成材料定义的。

定义好材料后，需要定义截面属性，即Section，在工具区点击create section图标，如图8-9所示，选择Category为Solid，Type为Homogeneous，并在Material中选择创建好的材料Al。

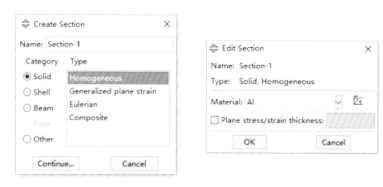

图8-9　Section定义

创建好section后，需要将section属性赋给几何。在工具区点击Assign Section图标，弹出如图8-10所示的对话框，在图形框中选中叶轮实体，并可以将选中的实体定义为一个set，方便后续选择，默认的set名字为Set-1，可按照习惯将该名字进行更改，然后点击Done完成实体的选择。

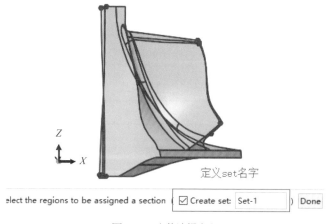

图8-10　实体选择定义

在接下来弹出的对话框中，如图8-11所示，选择上一步定义好的Section-1，赋予给定义好的实体Set-1。

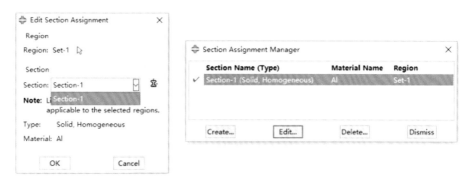

图8-11　Assign　Section定义

8.2.5　定义边界

边界条件包括载荷边界和约束边界。由于只选取了单个叶片进行计算，因此，还需要定义周期性对称边界。

注：在定义周期性对称之前，需要创建2个参考点，以定义周期性对称旋转轴。在菜单栏中通过Tools-Reference Point来定义参考点，输入参考点的坐标值，分别为RP-1（0，0，0）、RP-2（0，0，17.5）。

注：RP-2点的Z轴坐标可以任意设置，不为0即可。

将ABAQUS/CAE工作环境切换到Interaction模块，应用菜单Interaction-Create或者在工具箱中找到创建Interaction的快捷图标，调出图8-12所示的创建Interaction的对话框。名称保持默认，类型选择为Cyclic symmetry（Standard），即周期性对称选项。

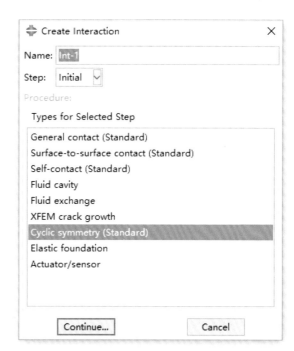

图8-12　Interaction对话框

然后弹出定义主从面的对话框，如图8-13所示。选中的红色面为主面，默认名称为m-Surf-1，粉色面为从面，默认名称为s-Surf-1。

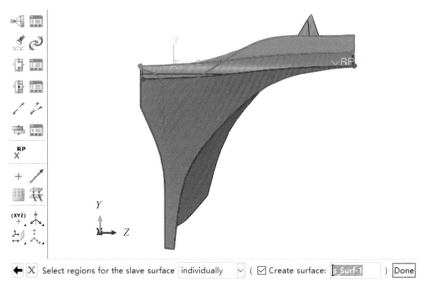

图8-13　主从面定义

随后弹出定义对称轴的对话框，在图形框中分别选择之前建立的参考点RP-1和RP-2，完成对称轴的定义。然后弹出如图8-14所示的对话框。在Total number of sectors中输入叶片的个数为8，点击OK，定义完成后图形中将会有小方框的显示。

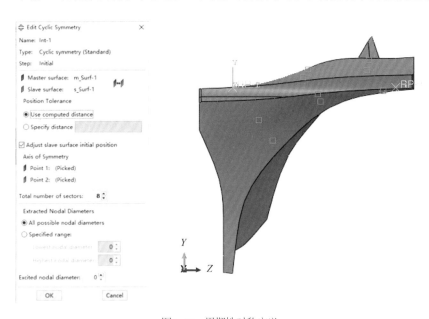

图8-14　周期性对称定义

将ABAQUS/CAE工作环境切换到Load模块，应用菜单Load-Create或者在工具区中找到创建载荷的快捷图标，调出图8-15所示的创建Load的对话框。

载荷种类保持默认的Mechanical，在type中选择Rotational body force，也即旋转体力。

在弹出的对话框中，Region选择之前定义好的Set-1，旋转轴选择按照RP-1和RP-2的坐标值输入，即绕着Z轴旋转。在Load effect选项中保持默认，在Angular Velocity中输入旋转角速度值大小26000，单位为rad/s，然后点击OK，完成旋转离心载荷的定义。

切换到Create Boundary Condition，在弹出的对话框中，选择约束类型为Displacement/Rotation，然后在弹出的对话框中选择约束的面为叶片的顶面，将U2和U3自由度约束。如图8-16所示。

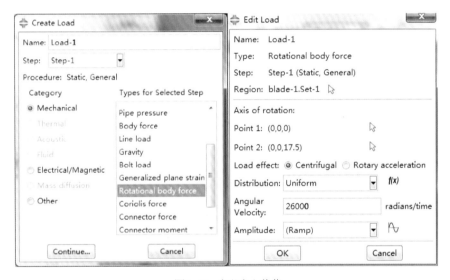

图8-15 定义离心载荷

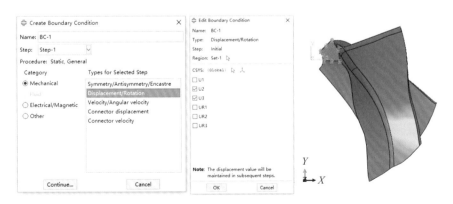

图8-16 约定边界定义

需要注意的是：因在第2个分析步中，求解的是自由模态，因此需要在第2个分析步中去除约束的定义，如图8-17所示，选择Step-2下的Propagation选项，然后点击对话框右下方的Deactivate选项。

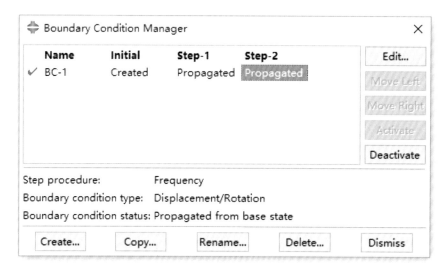

图8-17 去除Step-2约束

8.2.6 求解设置

将ABAQUS/CAE工作环境切换到Job模块，创建如图8-18所示的作业任务。

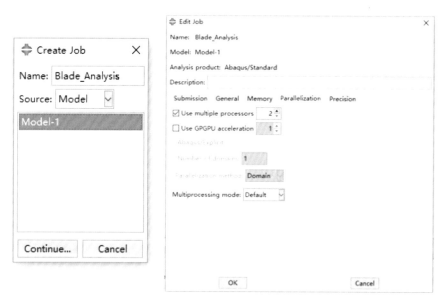

图8-18 作业任务定义

8.3 结果分析

8.3.1　变形结果

图8-19所示为离心力载荷作用下，叶片的变形情况。

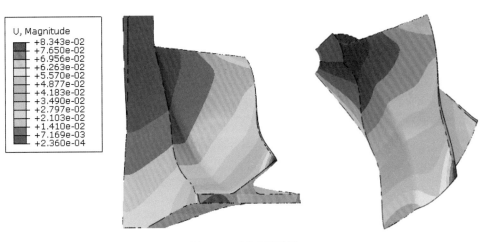

图8-19　叶片变形结果

对于周期性旋转结构，很多时候关注径向的变形结果。此时就需要建立柱坐标系，并将计算的结果变换到所建立的柱坐标系下，以便观察。具体过程如下所述。

在工具栏中找到Create Coordinate System，弹出如图8-20所示对话框。选择定义

图8-20　建立坐标系对话框

方式为Fixed system，类型为Cylindrical。点击Continue继续。

连续按Enter键，接受默认的3个点的坐标。然后在菜单栏中找到Result-Options，在弹出的Result Options对话框中切换到Transformation选项，将Transform Type切换为User-specified，然后选择所建立的柱坐标系CSYS-1，点击OK，变形结果便切换到柱坐标系下，然后观察U1的变形结果，即径向变形结果，如图8-21所示。

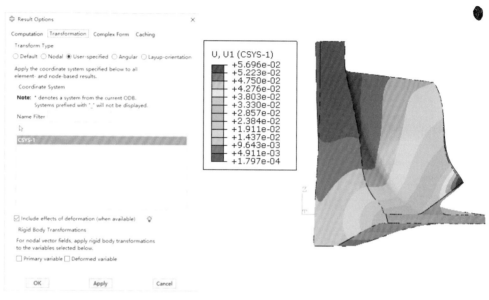

图8-21　径向变形结果

从计算结果来看：叶片尾缘处变形最大，叶片沿半径的延伸方向变形，轮毂的轴孔处也向半径变大的方向延伸，轴孔有扩大的趋势。整个叶轮的外形尺寸变大。从叶轮底部观察变形情况，看到叶轮边缘向外扩张。叶轮边缘由于受叶片的牵连，变形受到限制，产生波浪形的变形。

8.3.2　应力结果

应力结果的评价分为两个部分，静强度破坏和疲劳破坏。本章节对叶片的静强度进行评估，即判断叶片的应力水平是否在其材料的强度极限范围以内，一般用屈服极限来评价。

图8-22和图8-23为叶片的应力分布情况，从结果来看，静强度符合要求。

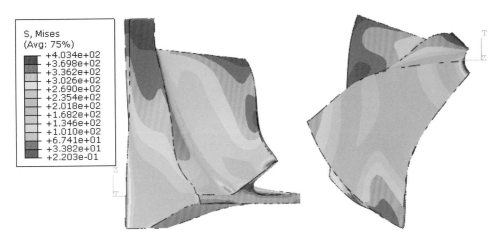

图8-22　叶片应力分布（1）

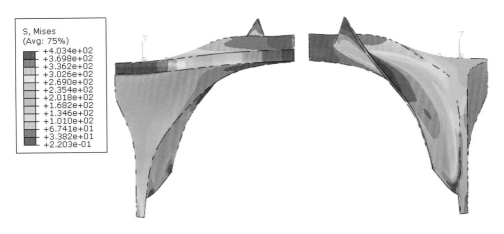

图8-23　叶片应力分布（2）

8.3.3　模态结果

在菜单栏中选择Result-Step/Frame，将Step Name切换到Step-2，观察模态计算结果。如图8-24所示。

从中可以看到：1阶模态频率值为18375Hz，并由于模型为周期性对称，所以存在频率值相同，阵形相同而方向不同的情况。

由于计算的是单叶片，因此想看整个叶轮的结果需要将计算结果进行扩展。在菜单栏中选择View-ODB Display Options，在弹出的窗口中切换到Sweep/Extrude选项，将Sector selection选项设置成All sectors，如图8-25所示。

Index	Description						
0	Increment	0: Base State					
1	Mode	1: CSM =	2(R) Value = 1.33299E+10 Freq =	18375.
2	Mode	2: CSM =	2(I) Value = 1.33299E+10 Freq =	18375.
3	Mode	3: CSM =	3(R) Value = 1.35162E+10 Freq =	18503.
4	Mode	4: CSM =	3(I) Value = 1.35162E+10 Freq =	18503.
5	Mode	5: CSM =	1(R) Value = 1.35326E+10 Freq =	18514.
6	Mode	6: CSM =	1(I) Value = 1.35326E+10 Freq =	18514.
7	Mode	7: CSM =	4(R) Value = 1.35630E+10 Freq =	18535.
8	Mode	8: CSM =	0(R) Value = 1.36818E+10 Freq =	18616.
9	Mode	9: CSM =	2(R) Value = 2.66068E+10 Freq =	25961.
10	Mode	10: CSM =	2(I) Value = 2.66068E+10 Freq =	25961.
11	Mode	11: CSM =	3(R) Value = 3.33753E+10 Freq =	29076.
12	Mode	12: CSM =	3(I) Value = 3.33753E+10 Freq =	29076.
13	Mode	13: CSM =	0(R) Value = 3.62433E+10 Freq =	30299.
14	Mode	14: CSM =	4(R) Value = 3.83247E+10 Freq =	31157.
15	Mode	15: CSM =	1(R) Value = 3.98313E+10 Freq =	31764.
16	Mode	16: CSM =	1(I) Value = 3.98313E+10 Freq =	31764.
17	Mode	17: CSM =	4(R) Value = 4.33459E+10 Freq =	33136.
18	Mode	18: CSM =	2(R) Value = 4.47070E+10 Freq =	33652.
19	Mode	19: CSM =	2(I) Value = 4.47070E+10 Freq =	33652.
20	Mode	20: CSM =	3(R) Value = 4.50189E+10 Freq =	33769.
21	Mode	21: CSM =	3(I) Value = 4.50189E+10 Freq =	33769.

图8-24 模态计算结果

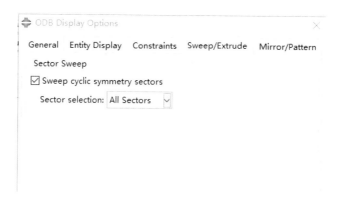

图8-25 扩展模态计算结果

图8-26为扩展后，整个叶轮1阶模态结果。图8-27和图8-28分别为3阶和5阶模态计算结果。观看其他阶次振型结果只需要在图形窗口的右上角点击Next 按钮。

注：在工具区中选择Common Plot Options，将Visible Edges选择为Free edges，即不显示网格线框等。

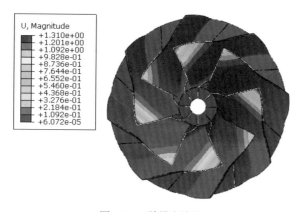

图8-26 1阶模态结果

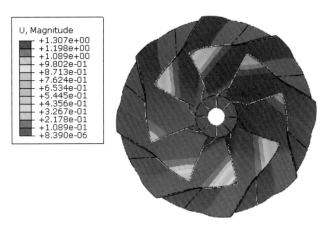

图8-27　3阶模态结果

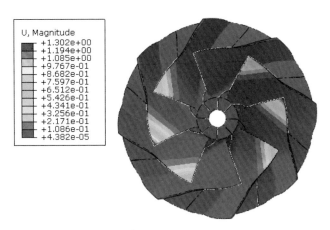

图8-28　5阶模态结果

叶轮受到轴振动的激励频率公式为：

$$f=n/60$$

式中　　n——转速，单位为r/min；

　　　　f——频率，单位为Hz。

本示例中叶轮转速为250000r/min，因此基频为4167Hz，一般来说，要求叶轮1阶频率大于3.5倍的基频，即14583Hz。

由此而知，叶轮的刚度满足要求。

8.4

INP文件解释

下面是节选的输入文件Blade_analysis.inp，并对关键字加以解释。

**文件抬头说明

*Heading

** Job name: Blade_analysis Model name: Model-1

** Generated by: ABAQUS/CAE 6.14-2

*Preprint, echo=NO, model=NO, history=NO, contact=NO

**部件

** PARTS

**部件名称为blade

*Part, name=blade

**节点坐标，节点数量合计为105099

*Node

  1, 14.9540596, 4.87874174, 14.4634886

  2, 14.8858395, 4.85883379, 14.4718151

             ....

105099，16.9493885，-12.5802555，-0.259969831

**单元类型为C3D10，单元数量合计为69584

*Element，type=C3D10

  1, 6107, 6108, 6109, 6110, 14709, 14708, 14707, 14711, 14710, 14712

  2, 6107, 6111, 6112, 6110, 14715, 14714, 14713, 14711, 14716, 14717

69584，11321，3413，10285，3414，38695，104952，63946，38693，38694，95879

**定义节点集合和单元集合

*Nset, nset=Set-1, generate

  1, 105099, 1

```
*Elset, elset=Set-1, generate
   1, 69584,   1
```
**定义截面属性

** Section: Section-1

```
*Solid Section, elset=Set-1, material=Material-1
,
```
**完成Part的定义

```
*End Part
```
**定义装配体

** ASSEMBLY

**装配体的名称

```
*Assembly，name=Assembly
```
**装配体的组成

```
*Instance, name=blade-1, part=blade
```
**完成Instance的定义

```
*End Instance
```
**定义2个参考点，坐标分别为（0，0，0）和（0，0，17.5）

```
*Node
   1, 0., 0., 0.
*Node
   2, 0., 0., 17.5
```
**Set-1的定义及包括的节点号

```
*Nset, nset=Set-1, instance=blade-1
               ………………………………
```
**周期性对称主面的定义

```
*Surface，type=ELEMENT，name=m_Surf-1
_m_Surf-1_S1, S1
_m_Surf-1_S3, S3
_m_Surf-1_S2, S2
_m_Surf-1_S4, S4
```
**周期性对称从面的定义

```
*Surface，type=ELEMENT，name=s_Surf-1
```

_s_Surf−1_S3, S3

_s_Surf−1_S1, S1

_s_Surf−1_S4, S4

_s_Surf−1_S2, S2

**周期性对称接触的定义

*Tie，name=Int−1, cyclic symmetry, adjust=yes

s_Surf−1, m_Surf−1

**完成Assembly的定义

*End Assembly

**定义材料属性

** MATERIALS

**

*Material，name=Al

*Density

 2.7e−09，

*Elastic

70000.，　0.3

**边界条件的定义

** BOUNDARY CONDITIONS

**约束边界的名称和类型

** Name: BC−1 Type: Displacement/Rotation

**约束Set−1集合2和3方向自由度

*Boundary

Set−1, 2, 2

Set−1, 3, 3

**周期性对称定义，叶片数量为8

*Cyclic Symmetry Model, n=8

0., 0., 0., 0., 0., 17.5

** ——

**分析步的对应

** STEP: Step−1

**打开大变形开关

```
*Step, name=Step-1, nlgeom=YES
*Static
1., 1., 1e-05, 1.
**
** LOADS
**离心力载荷以旋转体力方式施加
** Name: Load-1    Type: Rotational body force
*Dload
blade-1.Set-1, CENTRIF, 6.72392e+08，0., 0., 0., 0., 0., 1.
**输出需求
** OUTPUT REQUESTS
**
*Restart, write, frequency=0
**
** FIELD OUTPUT: F-Output-1
**
*Output, field, variable=PRESELECT, frequency=99999
**
** HISTORY OUTPUT: H-Output-1
**输出最后一个步长的结果
*Output, history, variable=PRESELECT, frequency=99999
*End Step
** ----------------------------------------------------------------
**
** STEP: Step-2
**
*Step, name=Step-2, nlgeom=NO, perturbation
*Frequency, eigensolver=Lanczos, acoustic coupling=on, normalization=displacement
10,,,,,
*Select Cyclic Symmetry Modes
**
** OUTPUT REQUESTS
```

**

*Restart, write, frequency=0

*Output, field

*Node Output

*End Step

8.5 本章小结

本章详细阐述了叶轮强度有限元分析过程和模态分析过程。

（1）对叶轮进行了强度计算，得到了叶轮的应力分布情况；

（2）对叶轮的变形进行分析，为增压器压气机叶轮设计提供参考；

（3）对叶轮进行了预应力模态振动计算，分析了叶轮的各阶固有频率及振型。

参考文献

［1］曾攀. 有限元分析及其应用［M］. 北京：清华大学出版社，2004.

［2］庄茁. ABAQUS有限元软件6.4版入门指南［M］. 北京：清华大学出版社，2004

［3］石亦平，周玉蓉. ABAQUS有限元分析实例详解［M］. 北京：机械工业出版社，2006

［4］江丙云，孔祥宏，罗元元. ABAQUS工程实例详解［M］. 北京：人民邮电出版社，2014